探秘绿色环保世界

核与辐射科普研学活动指导手册

广西壮族自治区辐射环境监督管理站　编著

广西科学技术出版社

图书在版编目（CIP）数据

探秘绿色环保世界：核与辐射科普研学活动指导手册 /
广西壮族自治区辐射环境监督管理站编著 . —南宁：广西科
学技术出版社，2023.5

ISBN 978-7-5551-1954-8

Ⅰ . ①探…　Ⅱ . ①广…　Ⅲ . ①核辐射—青少年读物
Ⅳ . ① TL7-49

中国国家版本馆 CIP 数据核字（2023）第 088800 号

《探秘绿色环保世界：核与辐射科普研学活动指导手册》编委会
　主　编：李清峰
　副主编：常　盛　黄美琴
　编　委：周花珑　李秀媚　许泽钺　陈宝才　何贤文　龙婷婷
　　　　　荣双兰　刘鳗卿　何佶蔓

TANMI LÜSE HUANBAO SHIJIE: HE YU FUSHE KEPU YANXUE HUODONG ZHIDAO
SHOUCE

探秘绿色环保世界：核与辐射科普研学活动指导手册
广西壮族自治区辐射环境监督管理站　编著

责任编辑：丘　平　　　　　　　　　　　　装帧设计：梁　良
责任校对：盘美辰　　　　　　　　　　　　责任印制：韦文印

出 版 人：卢培钊
出版发行：广西科学技术出版社
社　　址：广西南宁市东葛路66号　　　　　邮政编码：530023
网　　址：http://www.gxkjs.com

经　　销：全国各地新华书店
印　　刷：广西民族印刷包装集团有限公司

开　　本：889 mm×1194 mm　1/16
字　　数：80千字　　　　　　　　　　　　印　　张：4
版　　次：2023年5月第1版
印　　次：2023年5月第1次印刷
书　　号：ISBN 978-7-5551-1954-8
定　　价：42.00元

前　言

党的十八大以来，习近平总书记多次强调，"科技创新、科学普及是实现创新发展的两翼，要把科学普及放在与科技创新同等重要的位置"。总书记的重要讲话，为我国新时代科普工作指明了发展方向，提供了根本遵循。

科普研学作为近年来兴起的一种科普教育形式，逐渐得到学校、家长和学生的重视和喜爱。在"双减"政策影响下，科普研学迎来了广阔的发展空间。为了适应当前核与辐射科普宣传形势的发展，广西壮族自治区辐射环境监督管理站组织相关专家，编写了这本《探秘绿色环保世界：核与辐射科普研学活动指导手册》，其出发点就是将研学旅行教育所倡导的培养创新精神和实践能力，与广西核与辐射科普教育基地的科普功能相结合，指导和组织广大中学生走出校园，开展以普及科学知识、弘扬科学精神和体验科技魅力为目的的研学活动。

通过基地讲解员的讲解、观看科普视频，以及亲身体验监测设备的操作，同学们不仅消除了许多生活中关于核与辐射的误解，而且还知道了核能是怎么发电的，以及核技术在医学、农业、工业等领域都有什么应用；不仅拓宽了科学视野，提高了环保意识，同时还激发了对核科学相关领域进行研究与探索的兴趣。

本书在内容编排上，分"辐射无处不在""核技术的应用""核能与核电站""核与辐射安全监管""辐射的防护"五个课程，每个课程均设置有相应的学习资料和研学活动，学校可以根据时间安排，选择某一个主题或者选择若干个主题开展研学活动。本书可以作为中学生开展综合实践活动课程的参考用书，也可以作为核与辐射的科普读物供广大民众阅读。

编者

2023 年 4 月

课程框架（思维导图）

课程

课程一　辐射无处不在
- 辐射的定义
- 辐射类型
  - 按照来源来分
    - 天然辐射
    - 人工辐射
  - 按照能量高低和电离物质的能力来分
    - 电离辐射
    - 非电离辐射
- 电磁辐射的定义
- 电磁频谱（长波、中波、短波、微波、红外线、可见光、紫外线、X射线、γ射线）
- 辐射的计量单位（放射性活度、吸收剂量、有效剂量）
- 云室的作用及工作原理

课程二　核技术的应用
- 核技术在医学上的应用（射线装置、密封放射源、非密封放射性物质）
- 核技术在工业上的应用（工业探伤、辐照灭菌、放射性仪器仪表）
- 核技术在农业上的应用（辐射育种、防治害虫、农业示踪、食品辐照）
- 核技术在其他领域的应用（地质勘探、考古研究、安全检测）

课程三　核能与核电站
- 核能的分类
  - 裂变能
    - 可控核裂变（如核电站）
    - 不可控核裂变（如原子弹）
  - 聚变能
    - 可控核聚变（如"人造太阳"）
    - 不可控核聚变（如氢弹）
- 核电厂的发电原理（核能→热能→机械能→电能）
- 核电厂核反应堆的安全防护（三道安全屏障：燃料芯块和包壳、压力容器和一回路系统、安全壳）
- 核电的发展历史（第一代、第二代、第三代、第四代核电技术）
- 中国的核电发展现况（秦山核电站、"华龙一号"、高温气冷堆核电站）
- 广西核电发展现状（防城港红沙核电站）
- 中国"人造太阳"（全超导托卡马克核聚变实验装置）
- 中国的核物理学家

课程四　核与辐射安全监管
- 核技术利用项目（密封放射源、非密封放射性物质场所和射线装置）
- 铀矿冶及伴生放射性矿（铀矿、稀土矿、磷酸盐矿）
- 放射性废物（含放射性核素的气体、液体和固体；高放废物、中低放废物、免管废物）
- 辐射环境质量（电离辐射环境：环境γ辐射水平、空气、水体、土壤；电磁辐射环境：移动通信基站、高压输电线路和变电站）

课程五　辐射的防护
- 电离辐射防护
  - 电离辐射对人体伤害机理
  - 电离辐射的安全剂量
  - 人体受到电离辐射的途径（外照射、内照射）
  - 电离辐射防护基本方法（外照射防护三要素：时间、距离、屏蔽；内照射防护：隔断放射性物质进入人体的各种途径）
- 非电离辐射防护
  - 电磁辐射对人体的危害
  - 电磁辐射防护的常识和方法
    - 高压输电线路和变电站
    - 移动通信基站
    - 手机及家用电器

目　录

辐射无处不在

【课程目标】

知识维度：

（1）知道辐射的种类及区别。

（2）了解电磁波产生的机理及过程。

（3）知道电磁波谱的排列顺序及各类电磁波的应用。

技能维度：

（1）培养学生自主学习能力。

（2）通过实验，探究磁场产生电流的条件，培养学生的观察能力、归纳能力。

（3）通过制作简易的云室，培养学生的思考能力、创新能力。

素养维度：

（1）通过讲述法拉第用10年时间发现法拉第电磁感应定律的故事，让学生知道从事科学研究需要耐得住寂寞、坚持不懈的品质，学习知识的过程同样需要耐得住寂寞，并且持之以恒。

（2）通过小组合作进行探究实验，培养学生的团队协作精神。

【学习资料】

1. 辐射和放射性的定义

辐射是以波或粒子的形式，向周围空间或物质发射并在其中传播的能量的统称。放射性是某些物质的原子核能自发地放射出各种射线的特性。

2. 辐射的分类

（1）辐射按照来源分类，可分为天然辐射和人工辐射两大类。

天然辐射是自然界本身存在的辐射，来源于宇宙射线和天然存在的放射性核素。来源于太空的宇宙射线，地壳中铀、钍、钋及其他放射性物质释放的 α 射线、β 射线、γ 射线（伽马射线），地下溢出的氡气等，都属于天然辐射。

天然辐射照射也叫天然本底照射，人类受到天然辐射主要有3个来源：

①人体内部天然存在的放射性同位素钾40。

②岩石、土壤、水体以及自然环境中存在的天然放射性核素，其中以放射性氡的影响最大。

③宇宙射线。宇宙射线照射强度与海拔高度、地磁纬度相关。

天然辐射源的年有效剂量贡献见图1-1。

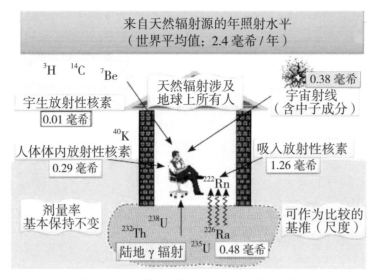

图 1-1　天然辐射源的年有效剂量贡献

　　人工辐射是自然界中原本不存在，通过人为活动产生或引起的放射性辐射。人工辐射主要来自医疗照射、核设施运行、放射性同位素应用和核事故等方面。在人工辐射中，离我们生活最近的就是医疗照射，医疗照射是人类受到人工辐射的主要来源。

　　据统计，在日常生活中，人们受到的放射性照射大约有 82% 来自天然环境，大约有 17% 来自医疗照射，而来自其他活动的大约只有 1%。生活中处处有放射性，人类时时刻刻都在受到辐射。人们吃的食物、喝的水、住的房屋、用的物品、周围的天空大地、山川草木乃至人体本身都具有一定的放射性。这些微量的放射性对人体并不构成损害，我们祖祖辈辈就是在这样的环境里生存繁衍的。人们在生活中受到的辐射剂量见图 1-2。

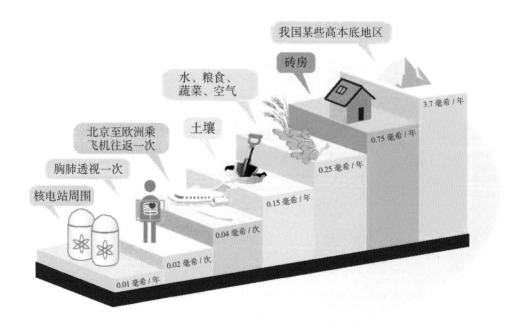

图 1-2　人们在生活中受到的辐射剂量

（2）按照辐射能量的高低和电离物质的能力，辐射可分为电离辐射和非电离辐射两种类型。

①电离辐射。

电离辐射，也称核辐射，是原子核从一种结构（或一种能量状态）转变为另一种结构（或另一种能量状态）过程中所释放出来的微观粒子流。电离过程是辐射将能量转移到物质的过程，电离需要消耗能量，不同原子的电离需要不同的能量。电离辐射可以从原子、分子或其他束缚状态放出一个或几个电子，非电离辐射则不行。常见的电离辐射包括 α 射线、β 射线、γ 射线、X 射线、中子射线等。

α 射线是高速运动的氦原子核，带正电，有很强的电离能力，但穿透能力很弱。β 射线是高速运动的电子流，穿透能力较强，但电离能力弱。γ 射线是原子核跃迁时释放出的射线，是一种高能电磁波，穿透能力很强。X 射线是频率和能量仅次于 γ 射线的电磁波。中子射线是由中性粒子组成的粒子流，不带电，穿透能力强。中子射线像 γ 射线一样可通过和物质的相互作用产生次级粒子，间接地使物质电离。

电离辐射的特点是波长较短、频率较高、能量较强、对人体影响较大。人们在日常生活中，接触电离辐射的机会是很少的，有的话主要是医学检查中的放射诊断。

②非电离辐射。

非电离辐射是无法使物质原子或分子产生电离的辐射，能量比较低，如无线电波、红外线、可见光、紫外线等。非电离辐射包括低能量的电磁辐射。非电离辐射不会电离物质，而会改变分子（或原子）的旋转、振动或价层电子轨态，会令物质内的粒子震动，温度上升，产生热效应。

3. 什么是电磁辐射？

电场和磁场的交互变化产生电磁波，而电磁波向空中发射或传播的现象，叫作电磁辐射。电磁辐射是由空间共同移送的电能量和磁能量所组成，而该能量是由电荷移动所产生的。例如，正在发射信号的射频天线所发出的移动电荷会产生电磁能量。广播、电视、移动通信等应用辐射现象将电磁能有效地、有目的地向外输送，这种辐射称为工作辐射，所用设备称为辐射器。各种形式的发射天线都是辐射器。电磁辐射的特点是波长较长、频率较低、能量较弱、对人体影响较小。

电磁辐射源按照来源可分为天然电磁辐射源和人工电磁辐射源两类。

天然电磁辐射源来源于火山爆发、地震、雷电等地球自然现象，以及紫外线、可见光、红外线等星际电磁辐射。

人工电磁辐射源主要有以下 6 类：

（1）广播、电视信号的发射设备，如广播电视塔。

（2）通信、雷达及导航发射设备，如移动通信基站。

（3）工业、科研、医疗高频电磁设备，如高频感应加热机。

（4）电力系统电场、磁场，如高压变电站、高压线路。

（5）交通系统电磁辐射干扰，如地铁的各类电力电气设备产生的电磁干扰。

（6）手机和家用电器（如电视机、微波炉、电磁炉等）。

知识·小·阅读

电磁波是如何产生的？

1831 年 10 月 17 日，英国物理学家法拉第首次发现电磁感应现象，即闭合电路的一部分导体在磁场中做切割磁感线运动，导体中就会产生电流现象，进而得到产生交流电的方法并发明了圆盘发电机，是人类创造出的第一台发电机。由于他在电磁学方面作出了伟大贡献，被称为"电学之父"和"交流电之父"。

19 世纪中叶，英国物理学家麦克斯韦研究发现，变化的磁场产生电场，变化的电场产生磁场。根据麦克斯韦的上述两个观点可以得出，变化的电场和磁场总是相互联系的，形成一个不可分割的统一的电磁场。如果在空间某区域有周期性变化的电场，就会在周围引起变化的磁场，变化的电场和磁场又会在较远的空间引起新的变化的电场和磁场。这样变化的电场和磁场由近及远地向周围传播，形成了电磁波。

麦克斯韦是继法拉第之后，又一位集电磁学大成于一身的伟大科学家。麦克斯韦电磁场理论的意义足以跟牛顿力学体系相媲美，它是物理学发展中一个划时代的里程碑。电磁波的发现使得我们进入了无线电科学与技术的时代，从对电磁波的利用中诞生了收音机和电视机，再发展到后来的卫星通信、互联网和移动电话。

4. 认识电磁波谱

1860 年麦克斯韦提出光就是电磁波的观点，从此改变了电、磁、光之间的关系。

光在真空中的速度约为每秒 30 万千米，即 c（光速）$= 3 \times 10^8$ 米/秒。根据频率（f）与波长（λ）的关系 $c = \lambda f$ 可知，频率与波长成反比关系，即频率越大，波长越短；频率越小，波长越长。电磁波谱见图 1-3。

电磁波谱中，频率从小到大的顺序如下：

长波＜中波＜短波＜微波＜红外线＜可见光＜紫外线＜X 射线＜γ 射线

长波、中波、短波、微波一般称为无线电波，波长大于 1 毫米（mm），频率大约为 300 吉赫（GHz）以下，常用于广播、通信、导航。

可见光是电磁波谱中人眼可以感知的部分，由红、橙、黄、绿、蓝、靛、紫等七色光组成，正常视力的人眼对绿光最为敏感。

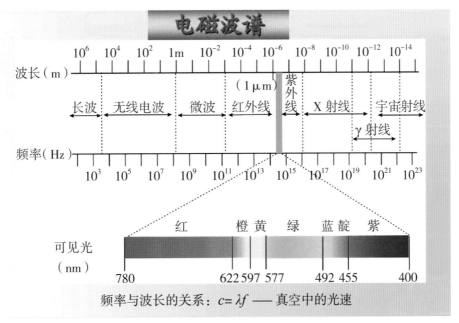

图 1-3　电磁波谱

可见光中，波长从大到小的顺序如下：

红光＞橙光＞黄光＞绿光＞蓝光＞靛光＞紫光

可见光的天然光源是太阳，人工光源主要是白炽灯。在可见光中，红光的波长比紫光长，但是频率比紫光的小。

红光的波长约为 7.8×10^{-7} 米（m），频率为 3.8×10^{14} 赫（Hz）。

紫光的波长约为 4.0×10^{-7} 米（m），频率为 7.5×10^{14} 赫（Hz）。

红外线的波长比可见光长，常见的红外线应用有夜视仪、光波炉、热成像仪等。

紫外线的波长比可见光短，常见的紫外线应用有杀菌、促进人体产生维生素（如阳光中的紫外线可促进人体产生维生素 D）等。

X 射线的频率和能量仅次于 γ 射线，频率范围 $3 \times 10^{16} \sim 3 \times 10^{20}$ 赫（Hz），对应波长为 $1 \times 10^{-12} \sim 1 \times 10^{-8}$ 米（m），比紫外线短。X 射线是由德国物理学家伦琴于 1895 年发现，故又称伦琴射线。X 射线在医学中主要用于诊断和治疗，在工业上可用于做工业探伤。

γ 射线波长短于 1×10^{-11} 米（m），频率超过 3×10^{19} 赫（Hz），具有极强的穿透能力及高能量。γ 射线照射细胞时，会破坏 DNA 结构，导致细胞丧失分裂能力，造成不可逆的损害。因此利用这一特性，γ 射线可以用于灭菌。钴 60-γ 射线辐照灭菌是近年来发展较为迅速的一种灭菌方法。因为 γ 射线对细胞有很强的杀伤力，在医学上常用来治疗肿瘤。由于 γ 射线有很强的穿透力，工业中可用来探伤或对流水线的自动控制，还可以应用于地质勘探。

5. 辐射的计量单位

生活中，各种各样微小的辐射无处不在，人们并不需要太担心它们，只有当辐射到达一定剂量时，才值得人们警惕。辐射的计量单位有贝可（Bq）、戈瑞（Gy）、希沃特（Sv），不同的计量单位用在不同的场合，对应不同的对象。

▲放射性活度：表征放射性核素强度特征的物理量，其物理意义是在单位时间间隔内放射性核素的原子核发生衰变的数目。单位为贝可（Bq）。

▲吸收剂量：当电离辐射与物质相互作用时，用来表示单位质量的物质吸收辐射能量大小的物理量。单位为戈瑞（Gy），简称戈。

▲剂量当量：组织内某一点的吸收剂量与该点特定辐射的品质因子的乘积称为剂量当量。单位为希沃特（Sv），简称希。常用单位为毫希（mSv）。

▲有效剂量：人体各组织或器官的当量剂量乘以相应的组织权重因数后的和。单位为希（Sv）。

日常生活中，衡量辐射的剂量大小，比较常用的单位是毫希（mSv）和微希（μSv），1希等于1000毫希，等于100万微希，微希是个很小的单位。香蕉含有天然放射性物质钾40，许多食物都含有类似的天然放射性物质，如土豆、葵花籽、坚果、肉类、牛奶、大米等，随着日常饮食，这些放射性同位素被摄入体内，对人体并没有害处。据测算，吃一根香蕉摄入的辐射量约为0.1微希。科学上有个名词叫作香蕉等效剂量，是一个非正式的电离辐射暴露剂量单位，用吃了多少香蕉来直观地衡量所受到的辐射量。例如，已知乘飞机从北京到欧洲往返一次，受到的辐射剂量为0.04毫希，即40微希，那就相当于吃了400根香蕉；而住在核电站周围一年所受到的辐射剂量为0.01毫希，则约等于吃了100根香蕉。所以说，核电站周围生活的人，受到的辐射剂量是非常小的，并不需要担心。

6. 云室的作用及工作原理

我们使用辐射测量仪测量放射性物质（如铀矿石），可以发现放射性物质正在释放辐射。除此之外，有没有更直观的方式能观测到辐射呢？当然有，我们只需自制一个简易的云室，就可以实现对带电粒子（如 α 粒子、β 粒子等）径迹的观察。什么是云室？云室是一种早期的核辐射探测器，也是最早的带电粒子径迹探测器，由英国物理学家查尔斯·威尔逊发明，因此又称为威尔逊云室。

（1）云室的工作原理。

云室的工作原理很简单。首先，在一个密闭透明的空间（如玻璃容器），形成一个充满极性分子的过饱和蒸汽的环境。过饱和蒸汽是不稳定的，虽然处在凝结点，但由于缺乏凝结核而不会凝结成液滴。当一束带电粒子穿过，会与云室内的混合物相互作用，将混合物离子化，形成的离子会扮演凝结核的角色，围绕着离子将生成微小的液滴。于是带电粒子经过的路径上就会出现一条白色的雾，这就是粒子运动的径迹。根据径迹的长短、浓淡以及在磁场中弯曲的情况，就可分辨带电粒子的种类和性质。

（2）制作一个简易的云室。

云室可以由不同类型的过饱和蒸气来实现，比如酒精（或者异丙醇）。在一个封闭的容器空间里，容器顶部温热而底部冷。容器的底部是金属托盘，托盘下放置干冰，形成制冷效果。当酒精蒸汽离开固定在顶部的海绵后会慢慢下降，在靠近底部干冰上的金属托盘时，由于温度迅速下降，会在底部区域形成过饱和蒸汽。制作一个简易的云室，具体方法如下：

首先，需要找一个玻璃容器（如玻璃鱼缸、玻璃杯），在其底部固定几块海绵，并在海绵上倒上一些酒精，最好是95%酒精或者无水酒精。其次，再找一些干冰（固态二氧化碳），把一块金属托盘平放在干冰上，然后在金属托盘上放一块黑色绒布，用来吸收多余的酒精，并把放射源放在黑色绒布上。最后，将玻璃容器倒扣在黑色绒布上（见图1-4）。20多分钟后，玻璃容器内就充满了过饱和蒸汽。在黑暗的环境中用手电筒往玻璃容器侧面照射，这时可以看到云室中粒子运动的径迹（见图1-5）。一个简易的云室就制作完成了。

图1-4 简易的云室

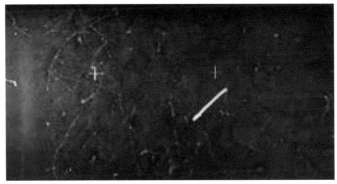

图1-5 云室中的粒子运动径迹

粒子探测器对粒子物理学的发展起到至关重要的作用，随着现代科技的发展，它已经延伸到人类生活的方方面面，并在药物开发、医学成像、文物分析、新材料测试等方面都发挥着重要作用。

【研学活动】

活动一：通过参观广西核与辐射科普教育基地科普展厅，了解生活中的核与辐射，并回答以下问题。

（1）天然辐射无处不在，我们吃的食物、住的房子，以及天空、大地、山水草木，乃至人们体内都存在着天然放射性核素，这句话是对的吗？

答：_____

_____

（2）人们乘坐飞机时会受到的是什么辐射？乘坐飞机受到的辐射与在陆地上受到的辐射有什么区别？

答：_____

_____

（3）人体内有哪些天然放射性核素？

答：_____

_____

（4）发现电磁感应定律的科学家是哪一位？

答：_____

_____

活动二：实验探究磁生电的条件（追寻法拉第的足迹）。

实验目的：探究磁场如何产生电流。

实验器材：条形磁铁1个，线圈1个，灵敏电流计1个，导线若干。

探究过程：

问题1：如何判断回路中是否产生电流？

答：_____

_____

问题2：在离磁铁距离不同的位置，磁场的强弱相同吗？

答：_____

_____

问题3：如何在闭合线圈周围产生一个变化的磁场?

答：_____

_____

实验记录：

磁铁的运动	灵敏电流计指针是否偏转	本质

实验结论：_____

_____

活动三：制作一个简易的云室，并观察放射性粒子的运动径迹。

（1）观看云室的制作视频，然后构思并尝试制作一个简易的云室。请列出你制作云室需要的材料。

答：_____

_____

（2）香蕉是人们生活中常吃的一种水果，香蕉里就有含有放射性元素钾40，而钾40会释放出 β 射线和 γ 射线。通过云室，观察香蕉释放出的放射性粒子的运动径迹。

答：_____

_____

【研学收获】

_____

_____

_____

研学课程二

核技术的应用

【课程目标】

知识维度：

（1）通过参观广西核与辐射科普教育基地科普展厅，了解核技术在医疗、工业、农业、公共安全等领域的应用。

（2）知道简单的核技术应用原理。

（3）了解核技术应用的发展前景。

技能维度：

（1）通过参观科普展厅，培养学生的观察能力和思考能力。

（2）能应用简单的核技术知识解决问题。

（3）通过互动交流环节，培养学生语言表达能力。

素养维度：

（1）与核技术应用"亲密接触"，感受科技的力量。

（2）核技术的应用和人们的生活息息相关，感受科技给人们生活带来的好处。

（3）激发学生对研究核技术应用的兴趣。

【学习资料】

1. 核技术在医学上的应用

核技术在医疗领域的应用十分广泛。核技术在医学上的应用是射线装置、密封放射源、非密封放射性物质等在医学检查、诊断、治疗中的应用。

（1）射线装置。

医学上常见的射线装置有医用电子直线加速器、CT（电子计算机断层扫描）、X射线拍片机等。

①医用电子直线加速器。

医用电子直线加速器是利用微波电磁场加速电子使其具有直线运动轨道的加速装置，用于肿瘤或其他病灶放射治疗的一种医疗器械。它能产生高能X射线和电子线，具有剂量率高、照射时间短、照射视野大等特点（见图2-1）。

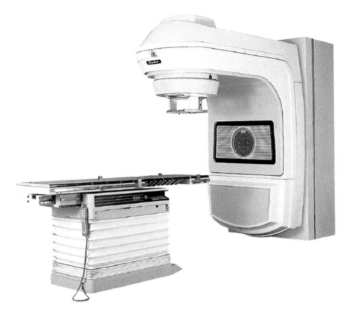

图 2-1　医用电子直线加速器

② CT。

CT（Computed Tomography），即电子计算机断层扫描，它利用精确准直的 X 射线、γ 射线、超声波等，与灵敏度极高的探测器一同围绕人体的某一部位做一个接一个的断面扫描，通过计算机处理组合来生成组织的横截面（断层）影像和重建组织器官的三维放射医学影像，具有扫描时间快、图像清晰等特点，是一种可用于多种疾病检查的医疗器械（见图 2-2）。

CT 的工作原理是根据人体不同组织对 X 射线的吸收与透过率不同，应用灵敏度极高的仪器对人体进行测量，然后将测量所获取的数据输入电子计算机进行处理，形成人体被检查部位的横截面图像或立体图像，从而发现体内任何部位的细小变化。CT 根据所采用的射线不同，可分为 X 射线 CT，γ 射线 CT 等。

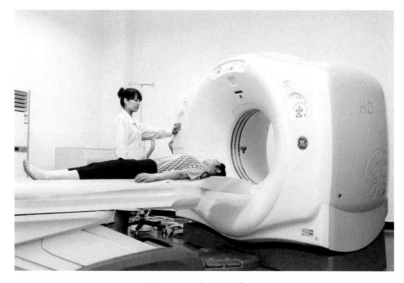

图 2-2　多层螺旋 CT

（2）密封放射源。

医学上常见的密封放射源有伽马刀、皮肤敷贴器、后装治疗机等。

①伽马刀。

伽马刀采用γ射线几何聚焦方式，通过精确的立体定向，将经过规划的一定剂量的多条γ射线（可达上百条）从不同角度聚焦于体内的预选靶点，靶点组织受到高剂量照射而产生局灶性坏死或功能改变，最终达到治疗疾病的目的（见图2-3）。病灶周围的正常组织在靶点以外，仅受单束γ射线照射，辐射能量很低，可免于损伤或造成的损伤很小。这与外科手术切除或损毁的效果非常类似，所以被形象地称为伽马刀。

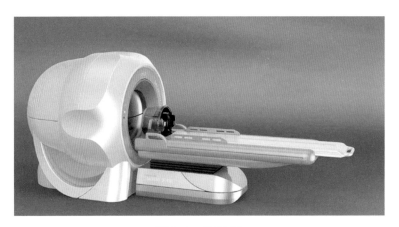

图2-3　伽马刀

②皮肤敷贴器。

用锶90制成的皮肤敷贴器能释放出0.53兆电子伏的β射线，其穿透力弱，容易被人体表面皮肤吸收，在医学上作用于血管瘤内皮细胞使其产生电离，从而使血管瘤被吸收，血管瘤组织微血管逐渐乳化、凝固、收缩，增生组织细胞分裂速度降低、停止，最后消失（见图2-4）。治疗时通常先用橡皮片或医用胶布屏蔽血管瘤周围的正常皮肤，以保护正常皮肤免受照射。

图2-4　锶90皮肤敷贴器

（3）非密封放射性物质。

医学上的非密封放射性物质指放射性药品，主要用于临床诊断或者治疗的放射性核素制剂或者其标记化合物（见图2-5）。放射性药品与其他药品的不同之处在于，放射性药品含有的放射性核素能放射出射线。常见医用放射性药物应用较多，例如，使用碘 131（碘片、碘化钠口服溶液）治疗甲亢和甲癌，使用 ^{18}F-FDG（氟代脱氧葡萄糖）进行 PET-CT 检查（PET 即正电子发射计算机断层显像），用钼 99- 锝 99m 进行 SPECT-CT 检查（SPECT 即单光子发射计算机断层成像），用锶 89、磷 32、钐 153 等治疗肿瘤。

图 2-5　放射性药物碘化钠

知识小·阅读

X 射线影像检查与核医学检查有何不同？

X 射线影像检查是通过机器产生的射线对人体进行照射，由于人体内各种组织在密度和厚度上的差别，对射线的吸收量不同，在胶片或影像显示器上呈现出黑白或明暗对比不同的影像，或经过计算机对探测器探测到的数据进行处理，拟合出患者身体的内部图像。

核医学检查的基本原理是放射性核素的示踪技术，即将放射性药物注射到患者的体内，随着人体的血液循环和新陈代谢，分布在特定的组织或器官，然后通过体外的机器探测患者身体内部放射性药物的浓度分布，再经过计算机对探测的数据进行处理，拟合图像，并计算出特定区域的时间－放射性曲线及相应的参数，从而对其进行定量分析，并定位病变。

可以看出，核医学检查的优势在于能够反映出组织或器官的动态、功能代谢方面的状况，而 X 射线影像检查只能显示形态上的状况。另外，X 射线影像检查是从体外的机器发出射线，对人体进行辐射照射，而核医学检查则是机器本身没有放射性，患者体内注射的放射性药物有放射性。

核医学检查应用最多的、效果较好的是全身骨显像，可以更早地发现肿瘤的骨转移等，一般会比 X 射线影像检查要早 3 个月至半年发现肿瘤。另外，近年来随着居民生活水平的提高，核医学中的 PET 检查也越来越多，它有助于肿瘤的早期发现。

2.核技术在工业上的应用

核技术在工业中的应用主要有工业探伤、辐照灭菌、放射性仪器仪表（如核子称、料位计、核子密度计、烟雾报警器）。

（1）工业探伤。

工业探伤是用射线装置检测金属材料或部件中的裂纹或缺陷。工业探伤常用的射线有 X 射线和 γ 射线，如果金属材料存在缺陷，射线照射时会引起透射射线强度的变化，利用胶片感光的检测方法，即可判断缺陷的位置及大小。射线探伤基本原理：当强度均匀的射线束穿透照射物体时，如果物体局部区域存在缺陷或结构存在差异，它将改变物体对射线的衰减，使得不同部位透射射线强度不同，这样，采用一定的检测器（如射线照相中采用胶片）检测透射射线强度，就可以判断物体内部的缺陷和分布。

γ 射线探伤使用的放射源多为铱 192 和钴 60，γ 射线穿透物质时一部分被吸收，如果有裂缝、伤痕，则穿透过去的射线就会变多，使得到的成像显出了差异，因而就找到了伤痕、裂缝的位置。γ射线探伤特点是γ射线穿透力强，在钢材检测中厚度可达200毫米，且设备轻便，无须电源，便于携带和野外作业，适用于异形物体探伤，如环形或球形物体的探伤。因为放射源的放射性活度是按照一定规律自行衰减的，与 X 射线探伤不同，不论 γ 射线探伤机是否开机，放射源总有射线射出以致放射源需要定期更换，安全及防护问题就显得尤为重要。

X 射线探伤就是利用 X 射线机发出的 X 射线开展无损检测，当高压电源加在 X 射线管的两极之间，使两极间形成一个电场，电子在射到靶体之前被加速达到很高的速度，高速电子轰击靶体产生 X 射线，射线的最高能量等于管电压值，管电压一般为几百千伏（kV）。因为 X 射线机工作时无须放射源，且关机时没有射线辐射问题，所以在进行现场探伤时，只需要注意 X 射线防护即可。

（2）辐照灭菌。

常规的消毒灭菌方法有高温高压法、气体熏蒸法，但这两种方法有较大的缺点。高温高压法存在灭菌不彻底的弊端，同时对材料有所选择，不适用于那些对热敏感的材料（如塑料制品、橡胶制品等）。气体熏蒸法是用化学气体熏蒸物品从而达到消毒、灭菌目的的方法，主要使用环氧乙烷、溴甲烷等化学物质，因此要求包装材料必须透气（又不能透菌），否则在产品中将有化学物质残留，同时不能渗进气体的地方将会有微生物残留。特别值得指出的是，这些化学物质是强致癌物质，会对人类健康造成一定程度的伤害。相比之下，辐照灭菌较这两种灭菌方法则有很大的优势。

辐照灭菌法就是利用放射源的γ射线及加速器产生的高能电子束或X射线照射需要灭菌物品。射线会破坏物品中微生物的结构（直接或间接破坏微生物的核糖核酸、蛋白质和酶），从而发挥杀灭微生物的作用。

辐照灭菌有以下特点：辐照灭菌是在常温下进行的，适用于对热敏感的塑料制品、生物制品和药物；辐射穿透力强，杀菌均匀彻底，能够辐照密封包装的产品；辐照灭菌速度快，可连续作业，适用于大规模加工。

由于在辐照处理过程中，物品本身并不接触放射源，接收到的只是射线的能量，不是放射性物质（见图2-6）。因此，物品经过辐照后不存在放射性污染问题。可以说，辐照灭菌是一种非常安全的消毒灭菌的处理方式。

图2-6　辐照灭菌

（3）核子秤。

核子秤是利用γ射线穿过被测物质后，其强度由于物质的吸收而呈现指数规律变化，对被测物质进行非接触在线连续计量与控制的一种计量仪器。核子秤稳定性好，测量精度高，是工业现场计量与控制的理想替代产品（见图2-7）。

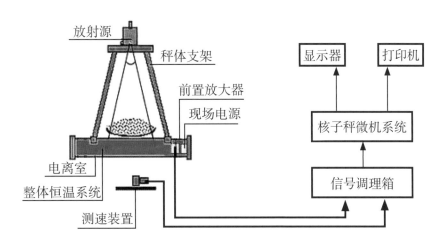

图2-7　核子秤工作原理

（4）核料位计。

核料位计是一种利用γ射线通过介质时，被介质吸收而显示γ射线强度减弱程度来测量料位的仪表（见图 2-8）。测量时，容器内介质可吸收部分射线，所吸收射线的量与介质的料位是成比例关系的。料位越高，则介质吸收的射线量越多，检测器检测到的射线量就越少；反之料位越低，介质吸收的射线量越少，检测器检测到的射线量也就越多。只要事先将介质的料比与检测器的读数校正，就可以直接得到介质料位的读数。

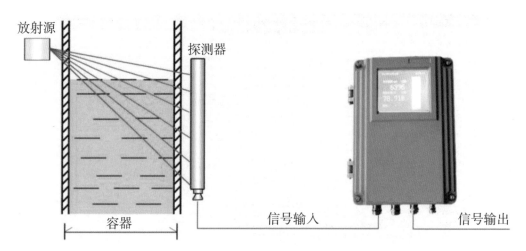

图 2-8　核料位计

（5）烟雾报警器。

烟雾报警器内有一个电离室，电离室内置一枚活度极小能放出 α 粒子的镅 241 放射源，电离产生正、负离子，在电场作用下各自向正负电极移动。正常情况下，内外电离室电流、电压处于稳定状态（见图 2-9）。当有烟尘进入电离室会破坏这种平衡关系，报警电路检测到浓度超过设定的阈值时会发出警报，从而实现火灾防范。

图 2-9　烟雾报警器

3. 核技术在农业上的应用

核技术在农业上的应用是现代农业科技发展的重要领域之一，主要有辐射育种、防治害虫、农业示踪、食品辐照。

（1）辐射育种。

20 世纪 40 年代后，科学家们开始将辐射技术应用于作物育种，并取得了显著效益。育种是从大量不同的样本里筛选出强壮、高产的作物进行重点培育，因此作物的变化越多，孕育出新品种的可能性就越高。辐射育种就是利用射线（X 射线、γ 射线和中子射线等）照射农作物的种子、花粉或植株等，引起农作物内部的细胞的变异，从而改变农作物的遗传性，再经过人工的选择和培育得到新的优良品种，从而提高农作物的产量。同理，将作物的种子、幼苗带到外太空，接受宇宙射线的照射，也是辐射育种的一种方式。

辐射育种是通过人工的方法加速了自然选择的过程，而非人为编辑基因，也就是说通过辐射育种培育出来的优良品种，仍然是自然进化的结果，并不存在安全风险。

我国的辐射育种起步于 1958 年，虽然起步晚，但辐射育种成绩斐然。目前，我国诱变育种品种有 600 多个，占世界诱变品种总数的 25% 以上，种植面积在 900 万公顷（1 公顷 = 10000 平方米）以上，先后有 18 个品种获国家发明奖，如鲁棉一号、水稻原丰早、小麦山农辐 63 等。每年为国家增产粮食 40 亿千克，棉花 2 亿千克，油料 0.75 亿千克，创经济效益每年达 40 亿元人民币。

图 2-10　辐射育种培育的农产品

（2）防治害虫。

害虫辐射不育技术是利用钴 60、铯 137 放射源放出的 γ 射线或加速器产生的电子束，对害虫的虫蛹或成虫进行一定剂量的照射，使其染色体断裂导致配核分裂反常，产生不育并有交配竞争能力的昆虫，而后将大量不育雄性昆虫投放到这种昆虫的野外种群中，造成野外昆虫产的卵不能孵化，或即使能孵化也因胚胎发育不良而死亡，最终可达到彻底根除该种害虫的目的。害虫辐射不育技术专一性强，只对一种害虫起作用，对其他生物的影响较小，防效持久，而且能在一个较广阔的地区使此害虫灭绝。如果此害虫不再从外地迁入，这一地区就可长期免遭此害虫的危害。由于辐射不育的昆虫能主动寻找自己可育的同伴，正是"物以类聚"使它们寻找异性远比天敌寻找寄主更有效可靠，因此，它是目前唯一有可能灭绝某个虫种的现代生物防治虫害的高新技术。

我国的科技人员先后对玉米螟、蚕蛆蝇、小菜蛾、柑橘大实蝇、棉铃虫等10多种害虫进行了辐射不育研究、工厂化饲养和大面积田间释放，并取得了显著效果。

（3）农业示踪。

质子数相同而中子数不同的同一元素的不同核素互称为同位素。例如，氢有三种同位素，氕（^1H），氘（^2H），氚（^3H）；碳有多种同位素，碳12（^{12}C）、碳13（^{13}C）、碳14（^{14}C）等，其中碳14有放射性。

同位素示踪技术是利用放射性同位素或经富集的稀有稳定核素作为示踪剂，研究各种物理、化学、生物、环境和材料等领域中科学问题的技术。

同位素中，稳定核素和放射性核素大体具有相同的物理性质和化学性质，即放射性核素或稀有稳定核素的原子、分子及其化合物，与普通物质的相应原子、分子及其化合物具有相同的物理性质和化学性质（如碳12和碳14）。因此，可利用放射性核素或经富集的稀有稳定核素来示踪待研究的客观世界及其过程变化。通过放射性测量方法，可观察由放射性核素标记的物质的分布和变化情况。

同位素农业示踪主要应用有以下方面：研究施肥方法、途径及肥效；杀虫剂对昆虫杀灭作用，除草剂对杂草的抑制作用；植物激素对农作物代谢和功能的影响；激素、维生素、微量元素、饲料和药物对家畜生长和发育的影响；昆虫、寄生虫、鱼及动物等的生命周期、迁徙规律、交配和觅食习性等。

（4）食品辐照。

食品辐照是利用射线照射食品（包括原材料），延迟新鲜食物某些生理过程（发芽和成熟）的发展，或对食品进行杀虫、消毒、杀菌、防霉等处理，达到延长储藏时间，稳定、提高食品质量目的的操作过程。食品辐照是纯物理加工过程，食品接受的是射线的能量。辐照食品不接触放射性物质，亦无残留放射性。食品辐照加工技术是继食品罐藏技术、冷冻储藏技术之后，又一种食品保藏新技术。

4. 核技术在其他领域的应用

核技术还广泛应用于地质勘探、考古研究、安全检查设备等方面。

（1）地质勘探。

随着核物理、核电子学及电子计算机技术的发展，核测井已成为油田、气田勘探与开发的一个重要组成部分。它不仅在测定岩性、划分地层、评价储集层、检查生产井的技术状况等方面能可靠地提供许多重要资料，而且由于它能应用在套管井中，因此是油田开发中观察和研究储集层动态特性、评价开采效果，以及判断和研究油层水淹状况的重要测井手段。核测井有自然伽马测井、自然伽马能谱测井、密度测井、中子测井和同位素示踪测井等（见图2-10）。

图 2-10 地质勘探

（2）考古研究。

核技术在考古研究中的主要应用是测定年代，常用的方法有碳14测定年代法。碳是自然界广泛存在的元素，天然碳有三种同位素，即碳12、碳13和碳14，其中，只有碳14具有放射性，半衰期为5730年。碳14是由氮元素变化来的：一个带有7质子和7中子，总质量14的氮原子，被一个中子轰击，就会变成一个带有6质子和8中子的碳原子，另外有一个质子飞走了（见图2-11）。

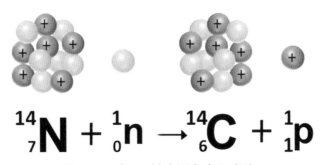

$$^{14}_{7}\text{N} + ^{1}_{0}\text{n} \rightarrow ^{14}_{6}\text{C} + ^{1}_{1}\text{p}$$

图 2-11 氮14被中子轰击生成碳14

在自然界中，这样的轰击过程经常来自太阳。当太阳产生的很多中子流抵达地球表面时，有很多氮元素会接受这样的轰击，形成的碳14最终在空气中形成二氧化碳，被植物吸收，再进入动物的食物链，最终碳14遍及所有自然生成的碳基生物中。

碳14在自然界中的含量极少，但是与碳12的比例几乎是不变的。生物在生存的时候，由于新陈代谢作用，吸收或放出二氧化碳的过程不断进行，此时生物体内的碳14含量也保持不变；而当生物体死亡后，即会停止吸收碳14，体内的碳14含量会不断衰变减少，因此体内碳14和碳12含量的相对比值相应不断减小。碳14半衰期为5730年，而碳12为稳定同位素，因此通过对生物体的出土化石中碳14和碳12含量的测定，就可以推算出生物体死亡的年代。

用碳14来测定年龄的样品种类广泛，凡是含碳的骨头、木质器具、焦炭木或其他无机遗留物均可，而且该方法对样品要求不严，埋藏条件没有要求，取样也很简单，所以碳14在考古鉴年上有重要的应用。美国放射化学家利比因发明了放射性测年代的方法，为考古学做出了杰出贡献而荣获1960年诺贝尔化学奖。

（3）安全检测。

经常乘坐地铁、火车和飞机的人，一定不会对X射线安检机感到陌生（见图2-12）。

图2-12　X射线安检机

没错，上图是在交通安保中发挥了重要作用的X射线安检机。

X射线安检机中使用了两组探测器，分别发出高能量与低能量的信号，这样就可以获得两组数据，如同在直角坐标系上确定了x和y就可以确定一个点，通过计算机将这两组信号进行分析，就能比较准确地知道物体的材质了，进而能够通过不同颜色标识，对包裹内的物品有一个基本的反映（见表2-1）。

表 2-1 不同类别物体在 X 射线安检机显示的颜色

类别	颜色	典型物质
有机物		含氢、碳、氮、氧的物质，如糖
混合物和轻金属		含钠、硅、氯的物质，如盐；轻金属，如铝等
无机物		如铁、铜、银等

在 X 射线安检机的监视器上，看到的画面是图 2-13 这样的。

图 2-13 X 射线安检机监视器画面

那么，X 射线安检机到底安不安全呢？ X 射线安检机的辐射剂量约为医用 X 光成像仪的 1%，并且由于 X 射线安检机四面都用一定厚度的铅帘屏蔽，可将其外面的辐射剂量减少约两个数量级，使其外部辐射水平处于本底范围。因此，即使是经常旅行的人也不会受到太大的辐射。事实上，即便是安检工作人员，X 射线安检机的辐射对他们的健康也没有影响。

【研学活动】

活动一：参观广西核与辐射科普教育基地科普展厅，了解核技术在医疗、工业、农业、公共安全等领域的应用，并通过思维导图的形式记录下来。

活动二：说一说

（1）在日常生活中，你接触过的核技术应用有哪些？

答：_____

_____

_____

（2）核技术在保护人类健康中扮演着什么角色？

答：_____

_____

_____

（3）目前，皮肤接触类医疗产品常用辐射灭菌技术进行灭菌处理，相比传统灭菌技术，辐射灭菌技术有哪些优势？

答：_____

_____

_____

活动三：如果你是一名考古专家，你如何利用核技术鉴定出土文物的年代呢？

_____

_____

_____

【课后思考】

展望核技术未来的发展前景。

_____

_____

_____

_____

【研学收获】

_____

_____

_____

_____

_____

_____

_____

研学课程三

核能与核电站

【课程目标】

知识维度：

（1）了解核电站的工作原理和功能结构。

（2）了解我国核电发展史、现状和前景。

（3）认识清洁能源对人类发展和保护环境的重要性。

技能维度：

（1）通过现场体验培养学生的观察能力、思考能力。

（2）通过小组合作培养学生的合作能力、分析能力。

（3）通过互动交流环节培养学生的语言表达能力。

素养维度：

（1）了解我国核电的发展现状，增强学生的科技自信，提高民族自豪感，为将来成为核电事业的建设者种下"核梦"的种子。

（2）学习分享中国核物理学家的故事，让学生感受科学家的钻研奉献精神，了解个人命运与国家的关系，培养学生热爱祖国，树立勇于担当的社会责任感。

【学习资料】

1. 核能的分类

核反应通常分为 4 类，即衰变、粒子轰击、裂变和聚变。前者为自发的核反应，而后三者为人工核反应，即用人工方法进行的非自发核反应。

核能（也称原子能）是通过核反应从原子核中释放出的能量。核能主要分为两类：一是裂变能，即重元素（如铀、钍等）的原子核发生裂变反应时释放出的能量（见图 3-1）。二是聚变能，即轻元素（如氘、氚等）的原子核发生聚变反应时释放出的能量（见图 3-2）。

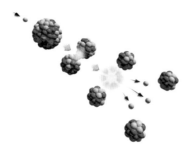

图 3-1　核裂变反应示意图

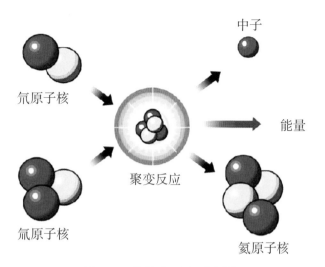

中子

氘原子核

聚变反应

能量

氚原子核

氦原子核

图 3-2 核聚变反应示意图

核裂变，又称核分裂，是由重的原子核（主要是铀核或钚核）分裂成 2 个或多个质量较小的原子核，并放出巨大能量的一种核反应形式。核裂变又分为可控核裂变（如核电厂发电）和不可控核裂变（如原子弹爆炸）。

反应堆的基本原理是链式裂变反应：当铀 235 原子核受到外来中子轰击时，1 个原子核会吸收 1 个中子分裂成 2 个质量较小的原子核，同时放出 2 ~ 3 个中子，裂变产生的中子又去轰击另外的铀 235 原子核，引起新的裂变，如此持续进行就是链式核裂变反应。

核聚变，是轻的原子核（如氘和氚）结合成更重的原子核（如氦），并放出巨大能量的一种核反应形式。核聚变又分为可控核聚变（如"人造太阳"发电）和不可控核聚变（如氢弹爆炸）。

2. 核能发电的重要意义

当前，随着社会经济的快速发展，传统化石能源的消耗量日益增大，而储量却日渐枯竭，与此同时，燃烧化石能源排放的二氧化碳对全球气候造成了极大的影响。世界各国一方面对能源有着巨大需求，另一方又面临着巨大的环境压力，为了应对这一状况，世界各国都在开始寻求化石能源之外的新能源。安全、经济的核能属于清洁、可大规模开发利用的能源。

与传统的化石燃料相比，核能的工作原理有着独特的优势。核能在产生能量时不会产生二氧化碳等温室气体，不会导致气候变化和环境污染，而且核能产生的能量密度也更高，能够在更小的空间内产生更多的能量。相对于水能、风能和太阳能等可再生能源，核能产生的能量更加稳定和可靠，不会受到天气等外部因素的影响。

长期以来，我国能源生产与消费以煤炭和石油为主，造成了严重的环境污染。据统计，2022 年全国累计发电量为 83886.3 亿千瓦时，运行核电机组累计发电量为 4177.86 亿千瓦时，占全国累计发电量的 4.98%。与燃煤发电相比，2022 年我国核能发电相当于减少燃烧标准煤 11812.47 万吨，减少排放二氧化碳 30948.67 万吨、二氧化硫 100.41 万吨、氮氧化物 87.41 万吨。在可再生能源中短期内尚难以成为能源消费主流的情况下，发展安全、经济的先进核能对近中期满足我国能源需求、缓解环境压力具有重要意义。

3. 核电厂的发电原理

核电站利用核能发电，核心设备是核反应堆。以压水堆核电站为例，核反应堆加热水后产生蒸汽，将原子核裂变能转化为热能；蒸汽压力推动汽轮机旋转，将热能转化为机械能；然后汽轮机带动发电机旋转，将机械能转变成电能（见图 3-3）。

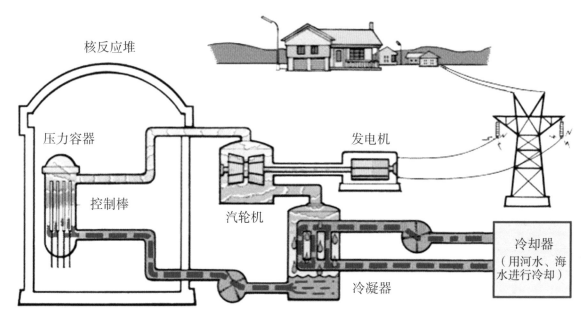

图 3-3 压水堆核电站工作原理

4. 核电厂反应堆的三道安全屏障

核能发电是目前和平利用核能最主要的方式。正常运行情况下，核电站周围的辐射剂量对人体并不构成威胁。核电站选址是核电安全管理的起点，地质、水文、气象、工农业生产、居民生活等因素都会被全面严格地考虑。核电站以平均 100 万堆年发生一次事故的概率为标准进行设计，建造质量的要求非常严格。核电安全的核心在于防止反应堆中放射性裂变产物泄漏，因此核电站都有三道安全屏障，将放射性物质牢牢控制在安全壳内。以常见的压水式反应堆为例，它设置了三道安全屏障，只要其中有一道屏障是完整的，放射性物质就不会泄漏到厂房以外（见图 3-4）。

第一道屏障——燃料包壳。

燃料芯块是烧结的二氧化铀陶瓷基体，核裂变产生的放射性物质 98% 以上滞留于燃料芯块中，不会释放出来。燃料芯块密封在锆合金包壳内，可有效防止裂变产物及放射性物质进入一回路（包括核反应堆、热交换器和主泵）水中。

第二道屏障——反应堆压力壳。

反应堆堆芯被密封在 20 厘米厚的钢质压力容器内，压力容器和整个一回路循环系统的管道和部件都是能承受高温高压的密封体系，可防止放射性物质泄漏到反应堆厂房中。

第三道屏障——安全壳。

安全壳是由钢筋混凝土浇筑而成，壳壁厚 90 厘米，内衬厚 6 毫米的钢板，在建造时运用了预应力张拉技术，提高了混凝土墙的强度，可以承受 5 个大气压的压力，确保在所有事故发生的情况下都可以防止放射性物质进入自然界。

由于压水堆核电站有了三道安全屏障，因此核电站运行对周围居民的辐射影响远远低于天然辐射。

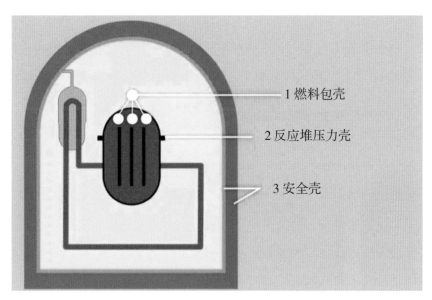

图 3-4　压水堆核电站的三道安全屏障

5. 核电的发展历史

第一代核电技术：早期原型反应堆，主要目的是通过试验示范形式来验证核电在工程实施上的可行性。目前它们均已退出历史舞台，不再使用。

第二代核电技术：20 世纪 60 年代中期以后投入运行的大部分核电站是基于第二代核电技术建设的，它实现了核能发电商业化、标准化等。单机组的功率水平在第一代核电技术基础上大幅提高，达到千兆瓦级。

第三代核电技术：满足《美国用户要求文件（URD）》或《欧洲用户要求文件（EUR）》，建造的具有更高安全性、更高功率的新一代先进核电站。第三代核电站在发生事故时，可不依赖人为操作或外界系统的干预，而依靠重力、自然循环等方式来实现保护功能。

第四代核电技术：目前大多数国家仍处于开发阶段，目标是在 2030 年左右投入应用，我国的第四代核电技术已经走在了世界前列。第四代核电技术有 6 种设计概念，包括 3 种快中子堆和 3 种热中子堆。3 种快中子堆分别是带有先进燃料循环的钠冷快堆（SFR）、铅冷快堆（LFR）和气冷快堆（GFR）；3 种热中子堆分别是超临界水冷堆（SCWR）、超高温气冷堆（VHTR）和熔盐堆（MSR）。设计第四代核电技术的目的是要大幅减少核废料、更充分利用铀资源、降低核电站建造和运营成本，以及更好地控制核扩散，即保证核技术的和平利用。

6. 中国的核电发展现况

根据《中国核能发展报告（2022）》，截至 2022 年 8 月底，我国商运核电机组有 53 台，总装机容量 5559 万千瓦，在建核电机组 23 台，总装机容量 2419 万千瓦，在建规模继续保持世界领先。核电发电量在当前我国电力结构中的占比达到 5% 左右，较 10 年前的约 2% 有了大幅提高。为适应清洁、低碳的发展要求，预计"十四五"期间，我国将需要保持每年 8 台左右核电机组的核准开工节奏。到 2030 年，核能发电量在我国电力结构中的占比需要达到 10% 左右；到 2060 年，核能发电量在我国电力结构中的比例需要达到 20% 左右，与当前发达国家的平均水平相当。

我国第一座核电站——秦山核电站，1985 年 3 月开工建设，1991 年 12 月 15 日成功并网发电。秦山核电站是我国自行设计、建造和运营管理，采用国际上成熟的压水式反应堆。自我国第一座核电站建成以来，我国核电机组长期保持安全稳定运行。我国自主研发的"华龙一号"采用第三代核电技术，满足国际上对核电站的最高安全要求，设置了较完善的严重事故预防和缓解措施，具有良好的安全性与经济性。

目前，我国已经在第四代核电技术方面取得积极进展，首个运用该技术的核电站——山东石岛湾高温气冷堆核电站示范工程，安全性再次取得突破性进展，被称为世界首座"不会熔毁的核反应堆"。

我国核电发展虽然起步晚，但从无到有、从小到大，形成了高水平的工业创新链和产业链，其技术水平和综合实力已经跻身世界第一梯队。近年来，核能除了生产电力，还可应用于城市供暖、工业供气、海水淡化、核能制氢、同位素（碳 14）生产等。

7. 广西核电发展现状

根据 2016 年国家发展和改革委员会印发的《能源发展"十三五"规划》，广西以安全稳妥发展核电为原则，目前广西的在运核电站为防城港红沙核电站。防城港红沙核电站位于广西防城港市企沙半岛东侧，是我国西部地区和少数民族地区开工建设的首个核电项目。

防城港红沙核电基地规划建设 6 台百万千瓦级核电机组，一期工程规划建设 2 台单机容量为 108 万千瓦的 CPR1000 压水堆核电机组。其中，1 号机组于 2010 年 7 月 30 日正式开工建设，2015 年 10 月 25 日并网发电，2016 年 1 月 1 日正式投入商业运行；2 号机组于 2016

年 10 月 1 日投入商业运行。据测算，防城港红沙核电站一期工程建成后每年可为北部湾经济区提供 150 亿千瓦时安全、清洁、经济的电力。与同等规模的燃煤发电站相比，每年可减少标准煤消耗 482 万吨，减少二氧化碳排放量约 1186 万吨，减少二氧化硫和氮氧化物排放量约 19 万吨，环保效益相当于新增了 3.25 万公顷森林。

防城港红沙核电二期工程采用具有我国自主知识产权的第三代核电技术——"华龙一号"，其中，3 号机组已于 2015 年 12 月 24 日正式开工建设，4 号机组于 2016 年 12 月 23 日正式开工建设。广西防城港红沙核电项目是广西能源发展史上重要的里程碑。广西首座核电站的建设与运营，不仅可以改善广西能源结构，增强电力保障能力，而且对优化广西经济结构，保持广西经济平稳较快发展，促进各民族共同发展、共同繁荣，建设资源节约型、环境友好型社会，具有重要的现实与长远意义。

8. 中国"人造太阳"

众所周知，地球万物生长所依赖的光和热，都源于太阳核聚变反应后释放的能量，而支撑这种聚变反应的燃料氘，在地球上的储量极其丰富，足够人类利用上百亿年。如果能够利用氘制造一个"人造太阳"来发电，人类则有望彻底实现能源自由。"人造太阳"又称全超导托卡马克核聚变实验装置（EAST），它是一个同时承载大电流、强磁场、超高温、超低温、高真空、高绝缘等复杂环境的装置（见图 3-5）。20 世纪中叶人类开始核聚变能源研究，20 世纪 70 年代中国科学院成立了研究托卡马克的课题组，并在合肥等地开展了相关研究。

2021 年 5 月，中国科学院合肥物质科学研究院研制的"人造太阳"创造了新的世界纪录，成功实现可重复的 1.2 亿℃ 101 秒和 1.6 亿℃ 20 秒等离子体运行，将 1 亿℃ 20 秒的原世界纪录延长至 5 倍。科研人员称新纪录进一步证明核聚变能源的可行性，也为核聚变能源迈向商用奠定了物理基础和工程基础。

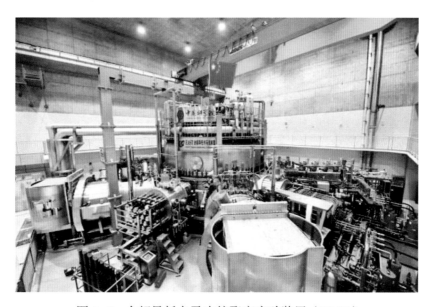

图 3-5　全超导托卡马克核聚变实验装置（EAST）

9. 中国的核物理学家

1896年，贝克勒尔发现了铀元素的天然放射性，从此，人类揭开了现代物理的序幕，同时，它也标志着原子核物理的起点。核物理的主要研究对象是原子核的结构、反应和衰变。一百多年来，通过对核物理的研究，人们对物质结构、微观世界与宏观世界运动规律的认识不断深化。核武器的研制与核能源的开发利用，对人类历史进程产生了巨大的影响。同时，核物理和核技术与其他学科的结合，如材料科学、生命科学和医学等方面的研究，都在迅速发展并形成许多门类的交叉学科。我国核物理的正式起步大约在20世纪50年代，从"两弹一星"的研究成功，到如今大国重器——"华龙一号"中国自主第三代核电技术研发成功，在这些辉煌的背后，离不开那些长期从事核物理研究的科技工作者，他们不道索取，只有奉献；他们默默无闻，殚精竭虑，尽忠报国……赵忠尧、王淦昌、钱三强、彭桓武、郭永怀、程开甲、邓稼先、朱光亚、陈能宽、于敏、周光召等科学家便是其中的优秀代表。

中国核物理研究的先驱者和奠基人之一——赵忠尧

中国核物理科学的奠基人和开拓者之一——王淦昌

中国原子能科学事业的创始人，中国"原子弹之父"——钱三强

中国理论物理和核武器事业的重要奠基人之一——彭桓武

中国核武器事业的开拓者，中国"核司令"——程开甲

中国核武器研制工作的开拓者和奠基者——邓稼先

中国工程科学界支柱性的科学家——朱光亚

著名核物理学家，中国"氢弹之父"——于敏

中国核武器理论研制的领导者和组织者之一——周光召

中国"核潜艇之父"——黄旭华

中国的"居里夫人"——何泽慧

中国放射性同位素应用领域的创始人之一——张家骅

中国核探测器及核电安全研究体系的先驱——戴传曾

中国核工业创建与核科学杰出贡献者——胡济民

中国杰出的核物理学家——吕敏

中国核物理实验及核试验诊断杰出科学家——胡仁宇

中国低能加速器物理与技术方面学科带头人——陈佳洱

中国著名核聚变与等离子体物理学家——王世绩

中国第一台种子飞行时间谱仪功臣——王乃彦

知识·小·阅读

"华龙一号"到底有多厉害?

　　"华龙一号"到底有多厉害?你们知道吗?目前,全球共有30个国家拥有核电站。核电站的堆型有压水堆、废水堆、重水堆等等,这些堆型各有特点,组成了核电站大家族。压水堆核电站是家族中的"明星成员",它有三道极其严密的安全屏障,遇到机械故障或电器故障时,控制棒只需靠重力落下,就能阻断链式反应。压水堆结构紧凑,安全易控,技术成熟,是世界核电站主流堆型。我国目前在建的核电站中,绝大部分都采用了先进的压水堆核电机组。"华龙一号"是我国依据国际最高的安全标准,自主研发的第三代核电技术,该技术吸取了包括福岛核电站在内的全球众多核电站事故的经验教训,事故概率比第二代核电技术低整整2个数量级。安全壳非常坚固,能轻松抵御各种外部灾害,就算大飞机撞过来都不怕,同时内部采用数字化仪控系统,运行操作更加科学,有效防止人员操作失误,最高使用寿命可达60年,是中国核电建设者们智慧和心血的结晶。未来,由我国自主研发的核电站将会走向一定规模的批量建设,推动我国核电更好、更快地发展。

【研学活动】

　　活动一:通过参观广西核与辐射科普教育基地"魅力核电"展厅,了解我国核电发展概况和核电站的工作原理。以压水堆核电站为例,用流程图的形式画出核电站能量转换的过程。

活动二：说一说

（1）目前已建成的核电站，是利用什么反应产生能量的？

A. 核聚变　　　　　　　　　　B.核裂变　　　　　　　　　　C.核衰变

（2）核电站是如何避免对环境和人体健康的危害？

答：_____

_____

_____

（3）核能是清洁能源吗？你还知道哪些清洁能源？

答：_____

_____

_____

（4）我国自主研发的"华龙一号"属于第几代核电技术？

答：_____

活动三：小组讨论

（1）1999 年 9 月 18 日，在中华人民共和国成立五十周年之际，党中央、国务院、中央军委隆重表彰为我国"两弹一星"事业做出突出贡献的 23 位科学家，并授予他们"两弹一星功勋奖章"。请列举三位获得该奖章的科学家。"两弹一星"中"两弹"和"一星"分别指的是什么？

答：_____

_____

_____

（2）为什么要发展核电？与火力发电、水力发电、风力发电、太阳能发电相比，核能发电有什么优势？

答：_____

_____

_____

（3）什么是碳达峰？什么是碳中和？

答：＿＿＿＿＿＿＿＿＿＿＿＿＿＿＿＿＿＿＿＿＿＿＿＿＿＿＿＿

＿＿＿＿＿＿＿＿＿＿＿＿＿＿＿＿＿＿＿＿＿＿＿＿＿＿＿＿＿＿＿

＿＿＿＿＿＿＿＿＿＿＿＿＿＿＿＿＿＿＿＿＿＿＿＿＿＿＿＿＿＿＿

（4）结合你的日常生活，谈一谈如何做到绿色发展和环境保护。

答：＿＿＿＿＿＿＿＿＿＿＿＿＿＿＿＿＿＿＿＿＿＿＿＿＿＿＿＿

＿＿＿＿＿＿＿＿＿＿＿＿＿＿＿＿＿＿＿＿＿＿＿＿＿＿＿＿＿＿＿

＿＿＿＿＿＿＿＿＿＿＿＿＿＿＿＿＿＿＿＿＿＿＿＿＿＿＿＿＿＿＿

活动四：说一说，你知道的中国核物理学家的故事。

＿＿＿＿＿＿＿＿＿＿＿＿＿＿＿＿＿＿＿＿＿＿＿＿＿＿＿＿＿＿＿＿＿

＿＿＿＿＿＿＿＿＿＿＿＿＿＿＿＿＿＿＿＿＿＿＿＿＿＿＿＿＿＿＿＿＿

＿＿＿＿＿＿＿＿＿＿＿＿＿＿＿＿＿＿＿＿＿＿＿＿＿＿＿＿＿＿＿＿＿

＿＿＿＿＿＿＿＿＿＿＿＿＿＿＿＿＿＿＿＿＿＿＿＿＿＿＿＿＿＿＿＿＿

【课后思考】

发挥你的想象，设想一下，如果"人造太阳"能够试验成功，并进行商业化运作，将如何改变人类的生活。

＿＿＿＿＿＿＿＿＿＿＿＿＿＿＿＿＿＿＿＿＿＿＿＿＿＿＿＿＿＿＿＿＿

＿＿＿＿＿＿＿＿＿＿＿＿＿＿＿＿＿＿＿＿＿＿＿＿＿＿＿＿＿＿＿＿＿

＿＿＿＿＿＿＿＿＿＿＿＿＿＿＿＿＿＿＿＿＿＿＿＿＿＿＿＿＿＿＿＿＿

【研学收获】

＿＿＿＿＿＿＿＿＿＿＿＿＿＿＿＿＿＿＿＿＿＿＿＿＿＿＿＿＿＿＿＿＿

＿＿＿＿＿＿＿＿＿＿＿＿＿＿＿＿＿＿＿＿＿＿＿＿＿＿＿＿＿＿＿＿＿

＿＿＿＿＿＿＿＿＿＿＿＿＿＿＿＿＿＿＿＿＿＿＿＿＿＿＿＿＿＿＿＿＿

＿＿＿＿＿＿＿＿＿＿＿＿＿＿＿＿＿＿＿＿＿＿＿＿＿＿＿＿＿＿＿＿＿

核与辐射安全监管

【课程目标】

知识维度：

（1）通过参观广西核与辐射科普教育基地的实验室，了解环境监测的现实意义。

（2）通过参观广西核与辐射科普教育基地的实验室，了解环境监测及检测的手段。

（3）通过参观广西核与辐射科普教育基地的实验室，了解辐射环境监测的大概流程。

技能维度：

（1）培养学生的观察能力。

（2）培养学生的思考能力、分析能力。

（3）培养学生的语言表达能力。

素养维度：

（1）通过身临其境了解辐射环境监测的方法，感受科技的魅力。

（2）通过近距离接触先进的检测仪器设备，感受国家科技的强大。

（3）体会科学技术在生活中的重要作用，培养学生对科学技术的热爱。

【学习资料】

1. 核技术利用监管

核技术利用，是指密封放射源、非密封放射性物质和射线装置在医疗、工业、农业、地质调查、科学研究和教学等领域中的应用。

截至 2023 年 3 月 10 日，广西核技术利用单位共 2443 家。其中，放射源相关工作单位 284 家，在用密封放射源 2116 枚，包括 Ⅰ 类源 133 枚、Ⅱ 类源 57 枚、Ⅲ 类源 32 枚、Ⅳ 类源 899 枚、Ⅴ 类源 995 枚；非密封放射性物质相关工作单位 76 家，有乙级非密封放射性物质工作场所 68 个、丙级非密封放射性物质工作场所 27 个，绝大部分为综合性医院的核医学科；射线装置相关工作单位 2234 家，在用射线装置 5483 台，包括 Ⅱ 类射线装置 477 台，主要为 DSA（数字减影血管造影）、X 射线探伤装置和医用加速器，Ⅲ 类射线装置 5006 台，主要为医用诊断 X 射线装置、医用 CT、口腔（牙科）X 射线装置。

（1）核技术利用管理原则。

核技术利用管理原则包括预防为主、防治结合、严格管理、安全第一。

（2）核技术利用监管方式。

核技术监管方式为"全过程监管"。

①对可能造成放射性污染的核技术利用活动进行严格的全过程监督管理（项目环评—安全许可—运行使用—退役管理— 许可注销）。

②对放射源实行"从摇篮到坟墓"的全寿命周期跟踪监管。

（3）核技术利用辐射安全管理体制。

目前，我国已形成了一个"两级审批、四级监管"的核技术利用辐射安全管理体系。

两级审批，即生态环境部、省级生态环境主管部门负责审批。

四级监管，即生态环境部、省级生态环境主管部门、设区市级生态环境主管部门、县级生态环境主管部门负责监管。

2. 铀矿冶及伴生放射性矿监测

铀矿冶是从铀矿石中提取、浓缩和纯化精制天然铀产品的过程。铀矿冶是核工业的基础。我国铀矿资源不算丰富，铀矿的探明储量居世界前10位之外。矿床以中小规模为主，矿石品位偏低，通常有磷、硫及有色金属、稀有金属矿产与之共生或伴生（见图4-1、图4-2）。矿床类型主要有花岗岩型、火山岩型、砂岩型、碳硅泥岩型铀矿床4种；我国铀矿床在空间分布上分为南、北两个大区，北方铀矿区以火山岩型为主，南方铀矿区则以花岗岩型为主。广西是我国重要的铀矿资源成矿区，铀矿的探明储量位居全国第4位。

图4-1　硅铅铀矿

图4-2　铜铀云母

1954年10月，我国地质工作人员在广西富钟县花山矿区进行地质调查时，采得我国第一块铀矿石标本，之后被带到中南海向毛泽东、周恩来等中央领导汇报。这块铀矿石不仅证明我国地下埋藏有铀矿，也为我国核工业发展提供了重要的支撑，被誉为中国核工业的"开业之石"（见图4-3）。

图 4-3　珍藏于核工业北京地质研究院的"开业之石"

伴生放射性矿是含有较高水平天然放射性核素浓度的非铀矿（如稀土矿和磷酸盐矿等）。广西是我国重要的有色金属产区之一，素称"有色金属之乡"，非金属矿产也十分丰富。目前，广西境内累计发现矿种 145 种（含亚矿种），已探明资源储量的矿产 97 种，已开发利用 74 种。其中，稀土、铌/钽、锆石和氧化锆、锡、铅/锌、铜、钢铁、钒、磷酸盐、煤、铝、钼、镍、锗/钛、金等 15 类矿种被列入全国第二次伴生放射性矿普查范围。

伴生放射性矿产资源在开采、选冶、加工的过程中，天然放射性核素可能在最终产品、中间产品、尾矿、尾渣，以及废气、废水中富集，并可随着废气、废水、废渣进入生态环境后在大气、水体、土壤中迁移，从而对生态环境和人体健康产生一定的放射性影响。

例如，含有放射性核素的废气、废水、废渣流入环境，会引起环境放射性水平提高；一些有较高含量的放射性核素废渣用作建筑材料，会导致房屋内氡的浓度升高，对住户的身体健康造成影响。"谁污染，谁负责"是环境保护和污染防治的基本原则，流出物和辐射环境监测是企业主体责任的直接体现。开展放射性流出物和辐射环境监测是保证放射性物质达标排放、确保辐射环境安全的重要手段。《中华人民共和国环境保护法》规定，企事业单位应当采取措施，防治包括放射性物质在内的污染物对环境的污染和危害，重点排污单位应当按照国家有关规定和监测规范安装使用监测设备。

3. 放射性废物监管

核能与核技术的开发利用对促进国民经济和社会发展、增强综合国力等方面起到巨大推动作用，但与此同时，也不可避免地会产生放射性废物。放射性废物有以下几个特点：

（1）种类多、形式多样。

放射性废物的种类和形式有很多。根据物理状态不同，放射性废物可分为气体、液体和固体 3 类；根据最终处置要求和废物的放射性活度，又可分为高放废物、中低放废物（包括长寿命废物和短寿命废物）以及免管废物。

（2）易泄漏迁移，可能造成严重危害。

通常放射性废物管理的产生、处理、排放、贮存、运输和处置等环节的全过程称为"从产生到最终处置"的全过程。在这一全过程的各个环节，放射性废物都有可能泄漏进入环境，对环境和生物产生污染危害。另外，放射性物质进入环境后，可随着介质的扩散或流动在自然界中迁移，并进入植物、动物、人体内被吸收、富集后，其电离辐射会引起生物组织内分子和原子电离，破坏组织中的大分子结构，甚至严重危害健康直至死亡。

因此，放射性废物如果管理不善，进入环境后会给当地环境和人民群众的健康带来持续性影响，甚至造成严重危害。

（3）部分放射性废物衰变期漫长。

部分放射性废物（如送交处置场所处置的放射性固体废物）衰变期比较漫长。例如，高水平放射性固体废物和 α 放射性固体废物所含放射性核素多数半衰期很长，达到 1 万年以上。其辐射强度只能随时间的推移按指数规律逐渐衰减，除了尚在研究之中的分离嬗变技术，任何物理、化学、生物的方法或环境变化都不能完全消除这些辐射。

广西城市放射性废物库是根据《全国危险废物和医疗废物处置设施建设规划》建设的城市放射性废物集中贮存设施，截至 2021 年底，已累计收贮各类废旧放射源 2000 余枚及多批其他放射性废物，在保障广西人民群众健康和环境安全，促进核技术利用可持续发展，维护社会和谐稳定等方面发挥着重要作用。

4. 辐射环境质量监测

辐射环境质量监测主要有以下 3 个目的：①积累辐射环境基础数据，总结变化规律，准确、及时、全面反映辐射环境质量现状及发展趋势，为辐射环境质量评价和辐射环境影响评价提供依据。②识别异常数据，跟踪并判断环境风险。③为公众提供信息，保障公众对核与辐射安全的知情权，提升公众对核与辐射安全的认知水平。

（1）电离辐射环境监测。

环境监测部门根据电离辐射照射途径和辐射环境质量监测目的，开展的电离辐射环境监测主要包括环境 γ 辐射水平监测，以及空气、水体、土壤和生物等环境样品中放射性核素活度浓度监测（见图 4-4）。

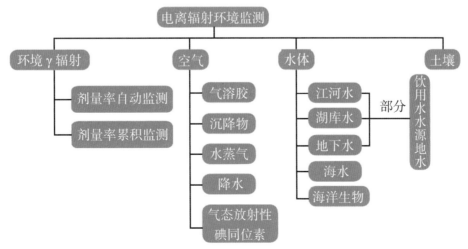

图 4-4　电离辐射环境监测对象示意图

①环境γ辐射。

环境γ辐射监测包括环境γ辐射剂量率自动监测和剂量率累积监测。目前，环境γ辐射剂量率自动监测主要由辐射环境自动监测站（以下简称"自动站"）进行处理（见图4-5）。广西辐射环境自动监测网络由分布在广西各地的自动站组成，是辐射环境监测网络的重要组成部分，通过连续的辐射环境自动监测，实时反映辐射环境质量现状，为辐射环境质量评价和辐射环境影响评价提供依据，是辐射环境监测的"千里眼""顺风耳"。

截至2021年，广西已建成运行33个自动站，其中，国控自动站20个、核电厂周边环境陆域和海域监督性自动站13个。这些自动站覆盖广西14个设区市、重要边境口岸，以及核电厂周边环境。自动站配备了高压电离室、碘化钠谱仪、气溶胶采样器、气碘采样器、干湿沉降采样器等设备，具备实时连续自动监测空气吸收剂量率、大气γ核素和基本气象数据，人工定期采集气溶胶、气碘和沉降物样品进行实验分析的功能。

广西辐射环境自动监测网络的有效运行，不仅能为核与辐射安全监管提供强有力的技术支持，为公众了解辐射环境状况提供辐射环境监测信息，还能有效防范核与辐射安全风险。

图4-5　辐射环境自动监测站

②空气放射性核素浓度。

根据近年的监测数据，广西环境空气中气溶胶和沉降物的铍7、钾40、锶90和铯137放射性核素活度浓度均为环境正常水平，其他γ放射性核素均未检出。空气（水蒸气）和降水中氚活度浓度、空气中气态放射性碘同位素浓度、氡浓度均未见异常，处于本底水平。

③水体放射性核素浓度。

广西境内珠江水系和长江水系主要河流断面水体中总α和总β活度浓度，天然放射性核素铀和钍浓度、镭226活度浓度，以及人工放射性核素锶90、铯137活度浓度均未见异常，处于本底水平。集中式饮用水水源地水中总α和总β活度浓度低于《生活饮用水卫生标准》（GB 5749—2022）规定的放射性指标限值。地下水中总α和总β活度浓度，天然放射性核素铀和钍浓度、镭226活度浓度，均为本底水平。2022年广西近岸海域海水中各放射性核素活度浓度监测结果与历年相比，无明显变化，人工放射性核素锶90、铯137活度浓度均在《海水水质标准》（GB 3097—1997）规定的限值内。海洋生物中各放射性核素活度浓度处于本底水平。

④土壤放射性核素含量。

广西境内土壤监测样品中的铀238、钍232、镭226、钾40、铯137放射性核素含量，与1986年广西环境天然放射性水平调查结果为同一水平，属正常范围。

⑤电离辐射的监测流程

第一步，制定监测方案。现场踏勘，收集资料，结合检测需求并根据生态环保部门，考虑关键人群组位置、关键途径、现场环境特征、周围居民的生活习惯，以及来自邻近任何其他辐射源或活动可能贡献的关键放射性核素，确定监测方案。

第二步，样品采集及预处理。根据监测方案设置一定量多个重点部位的监测点位，按照国家技术标准规定采集具有代表性的气体、地下水、地表水以及土壤沉积物样品。

第三步，样品流转。采样人员及时真实地填写采样记录表和样品卡的样品名称，采样点名称、采样日期和时间，以保证现场监测或采样过程客观、真实和可追溯，并在保证样品不被污染和形状改变的条件下，运输至实验室。

第四步，检验样品。优先选用生态环境主管部门发布的环境监测专用的标准进行上机测试，对样品的仪器分析数据进行定量，获取监测样品各目标物质的含量。

第五步，出具报告表。对于个别样品或个别现场的辐射环境监测，以所测物质浓度为基础，编制简单的检测报告表。

第六步，出具监测报告书。对于辐射环境质量检测、重点辐射源的辐射环境监测，需要编制详细的辐射环境报告书，对任务来源、监测目的、监测结果及评价分析说明原因，对各部分分析结果进行全面、准确的总结，并提出对策与建议。

电离辐射监测流程见图4-6。

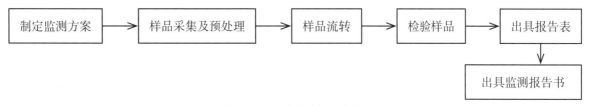

图4-6 电离辐射监测流程

（2）环境电磁辐射监测。

①移动通信基站。

移动通信基站（见图4-7）是无线电台站的一种，是在一定的无线电覆盖区域内，通过移动通信交换中心与移动电话终端之间进行信息传递的无线电收发信息电台，可以形象地理解成无线网络到有线网络通信的一个转换器。目前，公众移动通信使用的微波频段为800兆赫（MHz）～5吉赫（GHz），有向6～30吉赫（GHz）甚至更高范围发展的趋势。移动通信网络采用蜂窝小区技术，为避免互相干扰，各基站载波功率只能是几瓦至十几瓦，属于低功率照射（见图4-6）。我国的通信基站都是严格地按照国家标准建设的，基站辐射的剂量非常微弱，远低于对人体有危害的程度。根据《电磁环境控制限值》（GB 8702—2014）规定，基站电场强度小于12伏/米，或功率密度小于40微瓦/厘米^2，比美国、日本和欧盟的标准要严格得多。目前，我国基站的辐射是远远低于这个限值的。

图4-7　移动通信基站

　　辐射大小与基站天线辐射方向、发射功率、下倾角度及基站的距离等因素有关。在小区内依法建设的移动通信基站只要采取规范的防护措施，满足电磁环境有关标准要求，则是安全的。

　　②输变电工程。

　　输变电工程主要包括输电线路和变电站。高压输电线路是现代电网的重要组成部分（见图4-8）。高压输电线路的"高压"是输电线端口的电压属于高压（10千伏以上）的范畴。根据欧姆定律和焦耳定律，传输同样的功率，电压越高，电流越小，发热越少。因此，端口电压越高，由传输线本身阻抗带来的电路损耗越小，负载侧能够获得的最大功率越多。为了尽可能增大传输的功率减小损耗，人们不断提升传输线路的电压等级。高压输电线也因此越来越普遍地出现在电气化的社会中。目前，我国的高压输电线路主要分为4个等级，分别是110千伏、220千伏、330千伏以及500千伏，而且随着社会的发展，未来我国还会大规模建设等级为1000千伏的输电线路。在输变电工程的建设中，要根据输电线路电压的大小建设与之相匹配的变电站，因此目前我国的变电站也分四个等级，分别是110千伏、220千伏、330千伏和500千伏，尤其是110千伏的变电站，由于城市化的发展，变电站也会出现在人口居住区内（见图4-9）。我国高压输电线路都建设在人烟稀少的地方且离地面有一定的安全距离，人在下方活动是不会受较大电场的影响。输变电工程的电磁环境，常用电场强度和磁感应强度作为监测指标。电场强度的单位为伏/米（V/m），磁感应强度的单位为微特（µT）。我国输配电设施的工作频率仅为50赫（Hz），根据《电磁环境控制限值》（GB 8702—2014）规定，工频电场和工频磁场的曝露控制限值分别为4000伏/米，100微特。

图 4-8　高压输电线路

图 4-9　高压变电站

③广西电磁环境状况。

广西现有移动通信基站近 20 万座、高压变电站 1700 余座、高压输电线路 6 万余千米，为广西经济社会发展和人民群众的生活提供了重要的保障。移动通信基站、输变电工程等电磁项目在设计、勘察、建设和运行等阶段，都会采取有效的环境保护措施，确保项目运行在满足基本限值的前提下，尽可能降低电磁环境影响。近年来，广西生态环境部门对 50 多期基站工程项目、两万余座典型基站、80 余个 220 千伏输变电工程、12 个 500 千伏输变电工程、1 个电磁环境监控点进行监测，监测结果显示，广西电磁环境质量良好。

知识·小·阅读

为什么采用特高压输电

在我国 110 千伏至 220 千伏的电压称为高压，330 千伏至 750 千伏的电压称为超高压，交流 1000 千伏与直流 ±800 千伏的电压则被称为特高压。特高压的输送量特别大，交流 1000 千伏特高压线路的送电容量是交流 500 千伏超高压线路的 5 倍。其次输送距离特别远，±800 千伏特高压直流线路，最远经济送电距离达 2500 千米以上，线路损耗还特别低。相同的输送距离，在 1000 千伏特高压交流输电线路上的损耗仅为 500 千伏的 25%。除此之外，特高压输电占用的土地也特别少，特高压线路单位走廊供电能力是 500 千伏超高压线路的 3 倍，节省了宝贵的土地资源。我国地域辽阔，资源分布和用电需求极不平衡，采用高压甚至是超高压、特高压输电可以实现更大范围的资源优化配置，为大容量、远距离跨区输电的实施提供了灵活有效的方法。特高压输电技术领先，运行安全、经济高效、绿色环保，降低了电力运输的成本。

【研学活动】

活动一：参观广西核与辐射科普教育基地"全国辐射环境监测系统"演示厅

思考：

（1）在核工业北京地质研究院珍藏着一块铀矿石，它是在中国采集到的第一块铀矿石。这块铀矿石被誉为中国核工业的"开业之石"，它的发现拉开了中国"两弹"研制的大幕。请问，我国的地质工作者是哪一年在广西哪个县采集到我国第一块铀矿石？

答：＿＿＿＿＿＿＿＿＿＿＿＿＿＿＿＿＿＿＿＿＿＿＿＿＿＿＿＿

＿＿＿＿＿＿＿＿＿＿＿＿＿＿＿＿＿＿＿＿＿＿＿＿＿＿＿＿＿＿

（2）目前我国已经建立比较完善的全国辐射环境监测系统，包括多个监测点位和自动连续监测系统。这些监测系统可实行多少个小时连续监测？

A.8 小时　　　　　　　　　　B.12 小时　　　　　　　　　　C.24 小时

活动二：走进实验室，领略科研魅力。根据工作人员的讲解介绍，回答以下问题：

（1）辐射环境监测的对象包括哪些？实验室一般采集哪些环境样品开展分析。

答：＿＿＿＿＿＿＿＿＿＿＿＿＿＿＿＿＿＿＿＿＿＿＿＿＿＿＿＿

＿＿＿＿＿＿＿＿＿＿＿＿＿＿＿＿＿＿＿＿＿＿＿＿＿＿＿＿＿＿

（2）开展辐射环境监测的目的是什么？对我国环境保护有哪些指导性作用？

答：＿＿＿＿＿＿＿＿＿＿＿＿＿＿＿＿＿＿＿＿＿＿＿＿＿＿＿＿

＿＿＿＿＿＿＿＿＿＿＿＿＿＿＿＿＿＿＿＿＿＿＿＿＿＿＿＿＿＿

＿＿＿＿＿＿＿＿＿＿＿＿＿＿＿＿＿＿＿＿＿＿＿＿＿＿＿＿＿＿

活动三：品尝辐射监测样品的副产品（冷凝干燥技术的产品）

各小组成员品尝辐射监测样品的副产品：芒果干、香蕉干等，体验辐射监测工作的快乐。

活动四：说一说

在日常生活中，人们在装修房屋时都喜欢选用瓷砖、天然石材（如大理石、花岗岩）等作为装修材料，但这些装修材料中有可能存在放射性元素（如铀、钍和镭）。这些放射性元素往往以微量形式存在，它们在衰变过程中会释放出放射性射线（如 α 射线、β 射线和 γ 射线）。有的天然石材还会释放出氡气。如果人们选用了放射性超标的材料装修房屋，并在房屋内长期居住，则会对人体的健康造成伤害。

（1）在选购装修材料时，需要注意什么防止房屋出现放射性超标？你们家的房屋装修时，有没有考虑过这个问题？

答：_____

_____

（2）如果要测量室内氡气的放射性浓度，需要使用什么仪器？

答：_____

_____

（3）如何有效降低室内氡气的浓度？

答：_____

_____

活动五：小组讨论

1954 年，我国科学家在广西发现了铀矿，为什么说这为我国的核工业发展奠定了基础，请结合当时的时代背景，谈一谈你的认识和感受。

答：_____

_____

_____

【研学收获】

_____

_____

_____

_____

_____

_____

研学课程五

辐射的防护

【课程目标】

知识维度：

（1）知道电离辐射有害剂量限值。

（2）学会判断生活中哪些现象是电离辐射，哪些现象是电磁辐射。

（3）掌握如何对电离辐射及电磁辐射进行防护。

技能维度：

（1）培养学生阅读、理解、归纳的能力。

（2）让学生掌握用电磁辐射监测仪测量辐射强度。

（3）提高学生对生活中的辐射防护的技能。

素养维度：

（1）通过科学手段可以有效进行辐射防护，让学生体会科学技术的重要性。

（2）通过探究性实验，培养学生对实验的设计能力。

（3）通过小组合作探究实验，培养学生的团队协作精神。

【学习资料】

1.电离辐射防护

（1）电离辐射对人体伤害机理。

人体有体细胞和生殖细胞两类细胞，它们对电离辐射的敏感性和受损后的效应不同。电离辐射对机体的损伤，本质是对细胞的灭活作用，当被灭活的细胞达到一定数量时，体细胞的损伤会导致人体器官组织发生病变，最终可能导致人死亡。体细胞一旦死亡，损伤细胞也随之消失，不会转移到下一代。

在电离辐射或其他外界因素的影响下，可导致遗传基因发生突变。当生殖细胞的DNA受到损伤时，后代继承母体改变了的基因，导致后代的身体有缺陷，因此人体一定要避免大剂量的辐射照射。电离辐射是危害身体健康的可怕"杀手"。电离辐射的危害主要包括导致视力下降、影响生殖系统、中枢神经失调、诱发癌症等方面。电离辐射对人体危害较大，建议平时尽量远离电离辐射，若必须接触电离辐射，一定要注意做好防护措施。

（2）电离辐射的安全剂量。

微剂量的电离辐射，对人体健康的影响可以忽略不计。定量来看，100毫希是有害剂量极限。单次电离辐射超过这个值，可能会产生严重后果；未超过这个值，则观测不出确定性症状。做一次 X 光检查，辐射剂量是 1.2 毫希。100 毫希相当于同时被 80 多台 X 光机一起照射所能达到的辐射量。每年人体吸入的氡、吃进去的放射性元素、被宇宙射线的电离辐射累积（即自然状态下不可避免要受到的电离辐射），是 2.4 毫希。相比 100 毫希的有害剂量极限，这样一点几、二点几毫希的微剂量，远不足以给人造成实质伤害。

要注意的一点是，关于剂量，有瞬时量与累积量的区别。拍 X 光片的辐射，是瞬间摄入的，即瞬时量；而自然辐射，是长时间的摄入总和，即累积量。同样的数值，瞬时量与累积量的效果肯定不同。比如，10 毫希的电离辐射剂量，用 1 秒时间摄入与用 1 年时间摄入相比，对身体造成的伤害自然也不一样。

真正需要我们警惕并严防的，是单次大剂量的电离辐射。对不接触辐射性工作的人，每年受到正常的天然本底辐射量为 1～2 毫希。低于 100 毫希 / 年的辐射对人群癌症发生率的影响和天然本底辐射并无差异。医务工作者的剂量限值为 20 毫希 / 年，即使加上天然本底辐射，都远低于 100 毫希 / 年；一次遭受 100 毫希以上的电离辐射，就踩到了致癌的红线，身体会被损伤；单次 4000 毫希以上，短期死亡率会达到 50% 以上，即使侥幸逃过一死，余生也会在痛苦不堪中度过；倘若剂量高到一定程度，致死率则会达到 100%，并且无药可救。

根据我国《电离辐射防护与辐射源安全基本标准》（GB 18871—2002），辐射防护剂量限值体系对职业照射和公众照射有明确的剂量限值要求：对于职业照射，连续 5 年内的平均有效剂量为 20 毫希；对于公众照射，年有效剂量为 1 毫希。电离辐射标志和电离辐射警告标志见图 5-1。

图 5-1　电离辐射标志和电离辐射警告标志

（3）人体受到电离辐射的途径。

人体接受电离辐射照射的途径分为外照射和内照射。外照射是体外放射源对人体的照射。通常，环境中的天然辐射及人为活动释放的核素形成了对人体的外照射。土壤、岩石和建筑材料中存在着许多天然放射性核素，其衰变辐射也形成了对人体的外照射。内照射通常是摄入人体内的核素产生的照射，主要有2种途径，即吸入空气中的放射性核素所造成的吸入内照射，以及当环境中的放射性核素进入食物链时所造成的食入内照射。在放射性核素进入环境后，食入内照射与外照射通常是主要途径和持续来源。

（4）电离辐射防护基本方法。

外照射防护的三要素为时间、距离、屏蔽，即减少受照时间，增大与辐射源间的距离，在人与辐射之间加足够厚的屏蔽材料。时间防护：受到辐射照射的时间越长，人体接受的剂量就越大。为了减少辐射照射，应尽可能地减少受照时间。距离防护：离辐射源越远，受照的剂量越小。屏蔽防护：人体与辐射源之间采用某种屏蔽物将射线吸收，从而减少到达人体的射线量，达到减少人体受照剂量的目的。对于不同的辐射类型，采用的屏蔽材料也不同。

β射线、γ射线、X射线、中子等都能对人体全身或某个器官产生危害。一般来说，α射线不会导致皮肤受到外照射危害。α射线在传播过程中损耗很快，在空气中只能传播几厘米，是穿透力最差的电离辐射，一张纸片和人的表层皮肤就能将其轻松拦下。β射线可以穿透皮肤进入体内组织器官，需要几毫米厚的铝板或几厘米厚的塑料板才能阻挡。γ射线的穿透力远在β射线之上，需要厘米级以上厚度的混凝土层才能有效阻挡（见图5-2）。

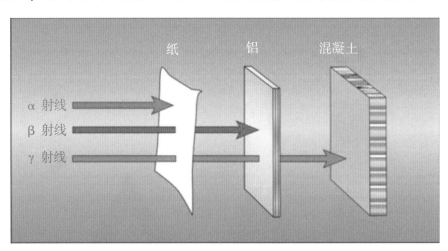

图5-2   不同材料对不同射线的屏蔽效果比较

放射性核素可以经吸入、食入、皮肤或者伤口进入体内，内照射随放射性核素排出体外及放射性衰变而不断减小。

内照射防护的基本原则是制定各种规章制度，采取各种有效措施，阻断放射性物质进入人体的各种途径，在最优化原则的范围内，使摄入量减少到尽可能低的水平。

2. 非电离辐射防护

（1）电磁辐射对人体的危害。

电磁辐射对人体的危害包括热效应和非热效应。人体接受高频电磁辐射后肌体升温，如果吸收的辐射能很多，靠人体自身的调节无法把热量散发出去，则会引起体温升高，进而引发各种症状，这属于热效应。人体被低频电磁辐射后，干扰了人体固有的微弱电磁场，使血液、淋巴液和细胞原生质发生改变，对人体造成严重危害，这属于非热效应。

电磁辐射对人体造成的伤害有以下方面。

①对眼球晶状体的影响：高频率微波照射可导致晶状体蛋白质凝固形成白内障。

②对血液生成的影响：白细胞总数的波动及淋巴细胞和嗜酸性细胞减少。

③对内分泌的影响：性机能上男性表现为阳痿，女性出现月经周期紊乱，其他方面有甲状腺肿大、碘摄取率增高、妇女乳汁分泌机能下降、糖代谢内分泌紊乱等。

④对免疫系统的影响：微波照射抑制了抗体形成，甚至球蛋白抗体完全消失，免疫球蛋白含量下降。

⑤对心血管系统的影响：反映在心电图上的一些指标的改变，如心动过缓、心动过速、血压波动等。

⑥对中枢神经系统的影响：除改变大脑对体温调节的控制功能外，主要表现还有头痛、全身无力、易疲劳、睡眠障碍、记忆力减退、易冲动等。

⑦对现代人心理的负面影响：知道自己所处工作环境存在一定程度的电磁辐射，但是不知道实际的辐射水平，由此产生心理压抑或者心理恐惧。

（2）电磁辐射防护的常识和方法。

预防或减少电磁辐射的伤害，其根本点是消除或减少人体所在位置的磁场强度，包括屏蔽和吸收。日常生活中，人们经常接触到的电磁辐射源主要有高压输电线路、变电站、移动通信基站、手机、家用电器等。

①高压输电线路和变电站。

电能是目前人类社会最清洁、使用最广泛的二次能源，但难以大规模储存，发电后必须立刻输送出去。发电厂是生产电能的工厂，电能从生产到消费通常要经过发电、输电、配电、用电4个环节。

高压输电线路和变电站输送的是 50 赫（Hz）工频电流，其本身不产生高频电磁辐射，所以并不能产生有效的电磁辐射，但当输送电压较高时，在输电线路周围或变电站附近会产生工频电场和工频磁场，如果电场强度和磁场强度高于一定的限值，则会对人体产生不良的影响。高压输电线路和变电站还会产生的电磁噪声［主要在 30 兆赫（MHz）以下］，较强时会对广播和无线电通信产生干扰。

高压输电线路下方和变电站内是工频电场强度较高的区域，目前我国高压输电线路都建设在人烟稀少的地方且离地面有一定的安全距离，人们在高压输电线路下方活动不会受较大工频电场的影响。按照相关规定，变电站周边存在的工频电场和工频磁场，我国采用的环保标准限值电场强度为 4000 伏 / 米，磁感应强度为 0.1 毫特，这个标准比世界卫生组织的要求还要严格。目前，100千伏以下电压等级的输变电设施，由于工频电场和工频磁场都太低了，按照相关规定可以免于管理，居民小区内的10千伏配电房（或者变电站）当然也在豁免的范畴内了。所以说，只要是严格按照国家标准规范建设的变电站，就不会对周围环境和人体健康造成不利影响。

世界卫生组织关于输电系统产生的电磁场对人体健康影响的试验研究表明，电场场强低于20千伏/米不会有害于人体健康。对高压变电站及输电线路工作人员的长期观察未发现对人体健康有不利影响。

知识·小·阅读

为什么在高压输电线路下方会觉得皮肤有刺痛感

在生活中，人们会发现当雨天打伞，经过输电线下方时，会有瞬间麻痹的感觉，或者穿凉鞋走在高压输电线附近时，脚部裸露的皮肤也会有刺痛感。这是因为输电线路周围存在磁场，附近的人或导体表面会产生感应电荷，所以我们打伞经过高压电线下方时，伞杆上的感应电荷通过人体转移到地面，就可能会产生轻微的电流感。而当我们穿凉鞋经过输电线路时，或是裸露的皮肤触碰了导体，如抽水机外壳、金属窗框、金属把手时，偶尔会产生被电了一下的感觉，则是因为人体表面的感应电荷通过接地导体流向了地面，就与我们在干燥季节脱毛衣时产生的静电现象十分类似。国际标准制定机构认为，这种痛感刺激的发生概率很小，属于短暂无危害的不适，没有积累的健康影响，而且只会发生在高压输电线路下方或电场强度较高的局部区域，所以不需要过分担心。

②移动通信基站。

基站辐射属于能量较弱的电磁辐射，与广播、电视信号等相似，对人体影响非常小，频率一般在800～3000兆赫（MHz）范围内。当我们用手机打电话时，手机发出的无线信号被基站接收，基站转换信号并发往移动通信交换中心，再由交换中心将信号发送到目的地，由目的地的基站接收发送给接听用户。基站就像信号的快递站，不仅负责收发，还负责分类打包，没有基站，再高级的手机也无法拨打电话。

基站的电磁辐射通过天线发射，它的辐射场强分布就像是一朵三叶草，电磁辐射从水平方向发射，垂直方向的辐射量很小。随着通信技术的发展，网络覆盖的不断优化，目前，移动通信网络建设大多采用高密度、小功率基站的方式进行，这样既保证了良好的信号环境，又大大降低了基站产生的辐射，将辐射影响最小化。基站存在辐射，但只要是按照国家标准建设的基站，对人体的影响微乎其微。根据我国标准的要求，一般基站的水平保护距离在十几米至 30 米，垂直保护距离在 1 ～ 3 米，在此范围外的区域可以说都是非常安全的。

按照《电磁环境控制限值》（GB 8702—2014）规定，基站电磁辐射对公众暴露电磁场限值要求为功率密度小于 0.4 瓦 / 米 ^{2}（40 微瓦 / 厘米 ^{2}），电场强度小于 12 伏 / 米，比西方国家和国际通用的标准要严格得多。

③手机及家用电器

手机：一般手机发射功率在 2 瓦以下，发射功率低。世界卫生组织发布的实况报道《电磁场与公共卫生：移动电话》中指出，"过去二十年来进行了大量研究以评估移动电话是否有潜在的健康风险。迄今为止，尚未证实移动电话的使用对健康造成任何不良后果"。2008 年我国发布的《移动电话电磁辐射局部暴露限值》（GB 21288—2007），对手机辐射做出了明确规定，以确保对人体健康不会产生影响。目前正规生产的手机都符合该规定，因此使用者大可不必担心，手机对人体健康的影响有限。

可以采用以下 3 个简单的办法，合理降低手机对人体的电磁辐射：

一是当手机在接通或呼出的瞬间，其发射功率相对较大，因此我们可在手机接通后再进行通话。二是使用耳机接听可有效减少电磁辐射对身体的影响。三是尽量减少通话时间。如果需要长时间的通话，最好使用有线电话。

微波炉：日常生活中，人们常用微波炉来加热食物，它是一种常用的家用电器。微波炉可以通过内部的屏蔽装置来降低泄漏的微波能量。满足国家安全质量标准的微波炉，在微波炉外检测到的电磁场要比微波炉里的小得多。因此，按使用说明正确使用质量合格的微波炉，且在微波炉运行时人体与其保持一定安全距离（通常要大于 0.5 米以上），就是安全的。

无线路由器：无线上网使用的电磁波频率大多是 2.4 吉赫（或 5 吉赫）频段，处于微波的波段，属于非电离辐射。辐射大小主要取决于信号发射的功率，与无线路由器的带宽没有必然联系。通过国内 3C 认证（中国强制性产品认证）的路由器限制功率是 100 毫瓦，辐射水平非常低，对人体的影响几乎可以忽略不计。

根据国家对手机及各种家用电器的相关规定，这些电子产品产生的电磁辐射必须在规定的限值以内。由此可见，我们在日常生活中使用的电子产品产生的电磁辐射值是非常低的，不会对人体健康造成不良影响，只要正常合理地使用，并不需要进行特殊的防护处理。

知识·小·阅读：

防电磁辐射孕妇服不能防电磁辐射

据统计，2021 年我国每天有约 3 万名新生宝宝降临，为迎接这些可爱的小生命，很多准妈妈在孕期添置的第一件衣服，可能就是传说中的防电磁辐射孕妇服。那么，防电磁辐射孕妇服真的能防电磁辐射吗？它又是什么原理呢？其实，防电磁辐射孕妇服的科学道理很简单，就是在孕妇服织物纤维中加入金属丝，形成一个法拉地笼。例如，当我们把手机放到金属材质的饼干盒中，手机就接收不到信号了。有时我们在电梯里打电话，没信号也是相同的原理。同样，把身体置于金属盒中，身体周围的电磁辐射就被屏蔽了。防电磁辐射孕妇服就相当于金属盒，但服装并不是封闭的盒子，不能形成很好的全封闭空间，因此，它的实际防护能力并没有广告和商家形容的那么神奇。事实上，普通人在日常生活中接触到的辐射都非常微弱，例如，阳光、手机、土地、电脑、汽车、食物都有辐射，这些辐射都不足以对人体造成伤害。因此，防电磁辐射孕妇服虽然能防辐射，却没有多大的意义，准妈妈们完全不必过度担心。

【研学活动】

活动一：通过参观广西核与辐射科普基地科普展厅及阅读相关科普教材，回答以下问题。

（1）人体能承受的单次电离辐射限值是多少毫希？做一次 X 光检查，受到的辐射是多少毫希？

答：_____

_____

_____

（2）电离辐射的有害剂量极限是 100 毫希，单次电离辐射超过这个值，可能会有严重后果；未超过这个值，则观测不出确定性症状，对吗？说说你的理由。

答：_____

_____

_____

（3）电离辐射也叫核辐射对吗？说说你的理由。

答：_____

_____

_____

（4）日常生活中，我们在地铁、机场、火车站等场所入口，"过安检"已经成为生活中习以为常的小事。安检的时候，如果你非常着急，可以伸手到安检仪的防护帘里取走自己的东西吗？说说你的理由。

答：_____

_____

_____

（5）我们平时坐地铁或进入一些特殊的场所，需要经过安检门，请问安检门有没有辐射？通过安检门会不会对人体造成伤害？

答：_____

_____

_____

（6）"电脑旁边放仙人球，会降低电脑显示器的电磁辐射"这句话对吗？说说你的理由。

答：_____

_____

_____

（7）移动通信基站会影响我们的健康，对吗？说说你的理由。

答：_____

_____

_____

活动二：画出电离辐射标志和电离辐射警告标志。小组讨论一下，当看到这两个标志时我们应该怎么做。

活动三：尝试穿戴科普展厅展示的铅衣防护服和铅手套，说一说它们防护电离辐射的原理。

活动四：探究手机及家用电器产生的电磁辐射。

实验目的：探究手机及家用电器产生的电磁辐射的强度与什么因素有关。

探究1：测量手机产生的电磁辐射。

实验器材：手机、电磁辐射监测仪。

距离（厘米）	待机状态的辐射值（伏／米）	接通瞬间的辐射值（伏／米）	正常通话时的辐射值（伏／米）
30			
10			

探究结果：

（1）电磁辐射与_____有关，所以最好的防护是_____，平时手机不用时，最好_____。

（2）手机在_____时产生的电磁辐射最大，所以我们平时最好在_____后，再把手机靠近耳朵接听。

探究2：测量液晶电视屏幕产生的电磁辐射。

实验器材：液晶电视屏幕、电磁辐射监测仪。

距离（米）	正面的辐射值（伏／米）	侧面的辐射值（伏／米）	背面的辐射值（伏／米）
1			
2			
5			

探究结果：

（1）同样距离时，在屏幕_____的辐射比较小。

（2）说一说，你对液晶电视屏幕电磁辐射测量结果的看法，是否与想象的一致。测量数据说明什么情况？

答：＿＿＿＿＿＿＿＿＿＿＿＿＿＿＿＿＿＿＿＿＿＿＿＿＿＿＿＿＿＿＿＿＿

＿＿＿＿＿＿＿＿＿＿＿＿＿＿＿＿＿＿＿＿＿＿＿＿＿＿＿＿＿＿＿＿＿＿＿＿＿

＿＿＿＿＿＿＿＿＿＿＿＿＿＿＿＿＿＿＿＿＿＿＿＿＿＿＿＿＿＿＿＿＿＿＿＿＿

探究3：测量电磁炉、微波炉、路由器等常见家用电器产生的电磁辐射

实验器材：工作中的电磁炉、微波炉、路由器、电磁辐射监测仪。

物体	距离（厘米）	辐射值（伏／米）	距离（厘米）	辐射值（伏／米）
电磁炉	10		30	
微波炉	10		30	
路由器	10		30	

探究结果：

（1）对于同一种家用电器，距离越大，辐射强度越＿＿＿＿＿＿＿（大或小）。

（2）在同样的距离下，电磁炉、微波炉、路由器的辐射强度最大的是＿＿＿＿＿＿＿，最小的是＿＿＿＿＿＿＿，这些电磁辐射都在国家规定的安全限值以内。

【研学收获】

＿＿

＿＿

＿＿

＿＿

＿＿

我们的研学小组

姓名: _____
年龄: _____
分工: _____
特长: _____

姓名: _____
年龄: _____
分工: _____
特长: _____

姓名: _____
年龄: _____
分工: _____
特长: _____

姓名: _____
年龄: _____
分工: _____
特长: _____

姓名: _____
年龄: _____
分工: _____
特长: _____

姓名: _____
年龄: _____
分工: _____
特长: _____

姓名: _____
年龄: _____
分工: _____
特长: _____

姓名: _____
年龄: _____
分工: _____
特长: _____

姓名: _____
年龄: _____
分工: _____
特长: _____

本组联系老师姓名: _____ 联系电话: _____

团队总负责老师姓名: _____ 联系电话: _____

学习计划

在本次科普研学活动开始之前，先给自己和小组制订个性化学习计划吧！（小提示：可以按照自己或者小组的想法自由发挥。）

1. 小组口号：＿＿＿＿＿＿＿＿＿＿＿＿＿＿＿＿＿＿＿＿＿＿＿＿＿＿＿＿

2. 小组学习计划：＿＿＿＿＿＿＿＿＿＿＿＿＿＿＿＿＿＿＿＿＿＿＿＿＿＿

＿＿＿＿＿＿＿＿＿＿＿＿＿＿＿＿＿＿＿＿＿＿＿＿＿＿＿＿＿＿＿＿＿＿＿

＿＿＿＿＿＿＿＿＿＿＿＿＿＿＿＿＿＿＿＿＿＿＿＿＿＿＿＿＿＿＿＿＿＿＿

3. 小组分工：＿＿＿＿＿＿＿＿＿＿＿＿＿＿＿＿＿＿＿＿＿＿＿＿＿＿＿＿＿

＿＿＿＿＿＿＿＿＿＿＿＿＿＿＿＿＿＿＿＿＿＿＿＿＿＿＿＿＿＿＿＿＿＿＿

＿＿＿＿＿＿＿＿＿＿＿＿＿＿＿＿＿＿＿＿＿＿＿＿＿＿＿＿＿＿＿＿＿＿＿

＿＿＿＿＿＿＿＿＿＿＿＿＿＿＿＿＿＿＿＿＿＿＿＿＿＿＿＿＿＿＿＿＿＿＿

4. 请写一下你对本次研学旅行目的地的初步了解：

＿＿＿＿＿＿＿＿＿＿＿＿＿＿＿＿＿＿＿＿＿＿＿＿＿＿＿＿＿＿＿＿＿＿＿

＿＿＿＿＿＿＿＿＿＿＿＿＿＿＿＿＿＿＿＿＿＿＿＿＿＿＿＿＿＿＿＿＿＿＿

＿＿＿＿＿＿＿＿＿＿＿＿＿＿＿＿＿＿＿＿＿＿＿＿＿＿＿＿＿＿＿＿＿＿＿

5. 请写一下你的学习计划：

＿＿＿＿＿＿＿＿＿＿＿＿＿＿＿＿＿＿＿＿＿＿＿＿＿＿＿＿＿＿＿＿＿＿＿

＿＿＿＿＿＿＿＿＿＿＿＿＿＿＿＿＿＿＿＿＿＿＿＿＿＿＿＿＿＿＿＿＿＿＿

＿＿＿＿＿＿＿＿＿＿＿＿＿＿＿＿＿＿＿＿＿＿＿＿＿＿＿＿＿＿＿＿＿＿＿

研学活动评价

研学活动自我评价表

评价项目	评价内容	自我评价				
		非常符合	符合	一般符合	不符合	非常不符合
		3分	2分	1分	0分	0分
参与态度	我能踊跃参与活动，积极发表自己独到的见解					
	我能认真对待小组分工，善始善终					
	我不怕困难，思维灵活，能恰当选择解决问题的方法					
	我能及时完成活动，积极参与交流分享					
	我对相关的知识有强烈的求知欲					
学习探究	我能不断提出许多与任务相关的问题，并努力寻找答案					
	我能在遇到问题时独立寻找解决办法					
合作学习	我喜欢在研学过程中与同学讨论交流问题					
	我能认真倾听别人的发言					
	我能主动承担组内工作					
实践创新	我能够出色完成每一个活动任务					
	我能根据任务用多种方法收集、处理信息					
	我能够在自主探究的学习中，运用所学知识解决实际问题					
收获认同	我对研学课程中的知识点已基本掌握					
	我能关注身边的环境保护问题					
	我能向身边的人宣传环境保护知识并制止破坏环境的不良行为					
总分						

研学活动成果评价表（学生互评）

评价项目	1分	2分	3分	评分
创意	研学成果90%以上是模仿来的	研学成果50%是模仿来的，另一半是创造来的	研学成果90%是自己创造的，没有模仿的范例	
技术	能够基本掌握研学活动所学的重点技术，完成研学任务	能够熟练使用研学活动所学的技术、方法，并设计出新作品	能够熟练使用研学活动所学的技术，方法，并设计与制作出新作品	
内容	成果汇报中，既没有内容也没有与主题相关的描述	成果汇报中，既在规定时间内基本完成研学任务，对研学主题，又有基本的描述和体现	成果汇报中，在规定的时间内对研学主题有清楚、创新的描述、体现和展示	
合作	没有完成小组分工安排的任务，与小组成员沟通不流畅	基本完成小组分工安排的任务，与小组成员基本沟通流畅	顺利完成小组分工安排的任务，与小组成员之间互动交流密切顺利	
展示	作品展示方法不恰当，无法流畅展示研学成果	作品展示时，方法恰当，表达基本流畅，但未能全面展示研学成果	作品展示时展示方法恰当且多样化，表达有条理，仪态大方，语言表达流畅	
总分				
评价人：				

常规评价表（师评）

评价项目	2分	3分	4分	评分
纪律方面	不听从指挥，不注意安全，不积极参与活动	听从指挥，注意安全，但不积极参与活动	听从指挥，注意安全，积极参与活动	
文明餐桌	就餐期间吵闹，浪费粮食，不清洗餐具	安静就餐，浪费粮食或不清洗餐具	安静就餐，不浪费粮食，清洗餐具	
文明住宿	内务没有整理到位，午晚休纪律不好且常被点名批评，与宿友不和睦相处、不爱护公物，有不安全行为	内务整理整齐，午晚休纪律稍差，被点名批评1~2次，与宿友不和睦相处，不爱护公物，有不安全行为	内务整理到位，午晚休纪律好，与宿友和睦相处，爱护公物，无不安全行为	
参加晚间活动	不参与任何的晚间活动	偶尔参加一两次晚间活动	积极参与所有的晚间活动	
总分				
指导老师：				

学生研学实践表现评定

考评项目	研学活动自我评价得分	研学活动成果得分	常规评价得分	总分

评价等级	该学生在综合实践与研学实践课程中被评定为： （注：总分在90分(含)以上评定为优秀，80~89分评定为良好，60~79分评定为合格）
教师评语	